中南大学

地球科学

学术文库

丙申 何继善

中南大学地球科学学术文库

中南大学地球科学与信息物理学院　组织编撰

射频大地电磁法高精度正演与双参数联合反演

HIGH PRECISION FORWARD MODELING AND DUAL – PARAMETER JOINT INVERSION FOR RADIOMAGNETOTELLURIC METHOD

原源　汤井田　任政勇　周聪　张义波　**著**

有色金属成矿预测与地质环境监测教育部重点实验室
有色资源与地质灾害探查湖南省重点实验室

联合资助

中南大学出版社
www.csupress.com.cn

·长沙·

内容简介

/

Introduction

　　该书以射频大地电磁法(radio‐magnetotelluric，RMT)的快速高精度正演模拟及反演成像为研究背景，针对传统 RMT 在准静态条件下数值模拟精度不足的问题，建立了全电流条件下的 RMT 边值问题，并结合非结构网格加密技术，研究了全电流条件下的 RMT 有限元正演模拟，分析总结了位移电流在 RMT 模拟中的影响规律。在正演模拟的基础上，作者依据全电流条件，提出了一种全新的 RMT 多参数同步反演算法，研究了多参数目标函数的构建法则、参数耦合关系的建立、双参数尺度变换、参考频率的选取等，开发了基于非结构双网格的 RMT 反演程序，最终实现了地下电阻率和介电常数的同步反演。本书的研究不仅可丰富电磁正反演的理论方法，还可提高 RMT 实测资料的处理与解释水平，对电磁法正反演研究有着重要的学术贡献。

　　本书共分为六章，具体结构为：第 1 章为绪论，首先概述了本书的研究目的及意义；然后讨论了 RMT 法、基于非结构网格正反演及双参数反演的研究现状；最后给出了本书的主要研究内容。第 2 章为考虑位移电流的复杂地形下 2D RMT 非结构有限元正演模拟。首先根据边值问题推导了有限元公式，并基于此编写了正演模拟程序；然后对多个数值算例进行程序验证；最后根据空气层厚度、地形及实际模型讨论了位移电流对 RMT 正演响应的影响。第 3 章研究了基于非结构双网格的任意复杂 2D MT/RMT 全电流反演。讨论了非结构双网格生成策略、网格映射、反演算法及灵敏度求取，然后编写了反演程序，最后通过一复杂带地形模型验证反演程序的可靠性，并通过灵敏度分析研究了位移电流对反演结果的影响。第 4 章在第 3 章单参数反演的基础上研究了多参数同步反演算法。推导了多参数反演迭代公式，重点研究了多参数尺度变换，随后讨论了双参数模型目标项中正则化因子对反演结果的影响，最后通过数值算例验证了双参数反演算法的正确性。第 5 章为 RMT 实测数据反演。通过挪威 Smørgrav 市某区域流黏土勘探实例来测试本书算法在实际数据中的应用效果。第 6 章是结论与建议，总结了本书的主要创新性结论和可改进之处，并指明了未来的可研究方向。此外，本书附录中给出了详细的灵敏度计算公式和作者开发的基于非结构网格的带地形正反演程序的输入输出文件及使用方法。本书的取材主要出自作者博士阶段的研究成果。

该书内容丰富、数据详实、逻辑清晰、结构严谨，可作为地球探测与信息技术相关专业参考书，也可供从事电磁法数值模拟相关领域技术人员和研究人员参考。

作者简介 / About the Author

原源　女,中南大学博士后。2006 年考入中南大学地球信息科学与技术专业,2010 年保送至中南大学地球探测与信息技术专业攻读硕士研究生,2012 年硕博连读攻读博士研究生,2016 年进入中南大学测绘科学与技术博士后流动站开展博士后研究工作。主要从事大地电磁法及射频大地电磁法正反演研究。以第一作者及通讯作者发表 SCI 论文 3 篇、EI 论文 2 篇,获国家发明专利 2 项,登记软件著作权 4 项。主持中国博士后科学基金 1 项,作为骨干成员参与了国家"863"高技术研究发展计划、国家自然科学基金等多项国家级课题的研究工作。

汤井田　男,中南大学教授、博士生导师。1992 年获中南工业大学工学博士学位,1994 年晋升教授,1998 年被评为博士生导师,同年以高级访问学者身份留学美国劳仑兹(伯克利)国家实验室。主要从事电磁场理论和应用研究,已公开发表学术论文 200余篇,主持或参加国家各类科技项目 30 余项。

任政勇　男,中南大学教授、博士生导师,瑞典乌普萨拉大学兼职博士生导师。2012 年获瑞士联邦理工学院博士学位,2013年入选中南大学"猎英海外人才计划",2015 年入选"中南大学创新人才驱动项目",2016 年获"第七届刘光鼎地球物理青年科学技术奖"。中国、欧洲及美国地球物理学会会员。以第一作者和通讯作者发表 SCI 论文 20 多篇,出版专著 2 部。

　　周聪　男，博士，讲师。2005 年考入中南大学地球信息科学与技术专业，2010 年硕博连读至中南大学地球探测与信息技术专业攻读硕士及博士研究生，2016 年获中南大学博士学位，同年进入中南大学测绘科学与技术博士后流动站开展博士后研究工作。现在东华理工大学地球物理与测控技术学院工作。主要研究方向为电磁勘探方法理论及应用。

编辑出版委员会

Editorial and Publishing Committee

中南大学地球科学学术文库

总序 / Preface

　　中南大学地球科学与信息物理学院具有辉煌的历史、优良的传统与鲜明的特色，在有色金属资源勘查领域享誉海内外。陈国达院士提出的地洼学说（陆内活化）成矿学理论，影响了半个多世纪的大地构造与成矿学研究及找矿勘探实践。何继善院士发明的电磁法系统探测方法与装备，获得了巨大的找矿勘探效益。其所倡导与践行的地质学与地球物理学、地质方法与物探技术、大比例尺找矿预测与高精度深部探测的密切结合，形成了具有品牌效应的"中南找矿模式"。

　　有色金属属于国家重要的战略资源。有色金属成矿地质作用最为复杂，找矿勘查难度最大。正是有色金属资源的宝贵性、成矿特殊性与找矿挑战性，铸就了中南大学地球科学发展的辉煌历史，赋予了找矿勘查工作的鲜明特色。六十多年来，中南大学地球科学研究在地质、物探、测绘、探矿工程、地质灾害和地理信息等领域，在陆内活化成矿作用与找矿勘查、地球物理探测技术与装备制造、深部成矿过程模拟与三维预测、复杂地质工程理论与新技术以及地质灾害监测等研究方向，取得了丰硕的研究成果，做出了巨大的科技贡献，产生了广泛的社会影响。当前，中南大学地球科学研究，瞄准国际发展方向和国家重大需求，立足于我国复杂地质背景下的资源勘查与环境地质的理论与方法创新研究，致力于多学科联合开展有色金属资源前沿探索与应用研究，保持与提升在中南大学"地质、采矿、选矿、冶金、材料"特色与优势学科链中的地位和作用，已发展成为基础坚实、实力雄厚、特色鲜明、国际知名、国内一流的以有色金属资源为主兼顾油气、岩土、地灾、环境领域的人才培养基地和科学研究中心。

　　中南大学有色金属成矿预测与地质环境监测教育部重点实验室、有色资源与地质灾害探查湖南省重点实验室，联合资助出版"中南大学地球科学学术文库"，旨在集中反映中南大学地球科学与信息物理学院近年来取得的系列研究成果。所依托的主要研究机构包括：中南大学地质调查研究院、中南大学资源勘查与环境地质研究院和中南大学长沙大地构造研究所。

本书库内容主要涵盖：继承和发展地洼学说与陆内活化成矿学理论所取得的重要研究进展，开发和应用双频激电仪、伪随机和广域电磁法系统所取得的重要研究成果，开拓和利用多元信息找矿预测与隐伏矿大比例尺定位预测所取得的重要找矿成果，探明和研发深部"第二勘查空间"成矿过程模拟与三维定量预测方法所取得的重要研究成果，预警和防治复杂地质工程与矿山地质灾害所取得的重要技术成果。本书库中提出了有色金属资源勘查理论、方法、技术和装备一体化的系统研究成果，展示了多项突破性、范例式、可推广的找矿勘查实例。本书库对于有色金属资源预测、地质矿产勘探、地质环境监测、地质灾害探查以及地质工程预防，特别对于有色金属深部资源从形成规律到分布规律理论与应用研究，具有重要的借鉴作用和参考价值。

感谢中南大学出版社为策划和出版该文库所给予的大力支持。感谢何继善先生热情指导和题词。希望广大读者对本书库专著中存在的不足和错误提出宝贵的意见，使"中南大学地球科学学术文库"更加完善。

是为序。

2016 年 10 月

前言 / Foreword

Radio – magnetotelluric（RMT）是以远处的无线电发射机为信号源，通过采集磁场三分量和电场两分量来推演地下构造的一种地球物理勘探方法，目前被广泛应用于近地表工程和环境地球物理勘探中。由于 RMT 采集的数据类型与大地电磁法(MT)相同，因而在进行 RMT 数据解释时常采用 MT 的原理，这会导致 RMT 法的数值模拟精度不足，并且在反演成像时出现虚假构造，降低资料解释的准确性。基于此，本书研究了快速高精度的 RMT 正演计算，提出了一种全新的基于非结构双网格的多参数同步反演算法。具体如下：

1. 针对 RMT 在准静态条件下数值模拟精度不足的问题，本书研究了全电流条件下的 RMT 有限元正演模拟。首先，根据麦克斯韦方程组建立了全电流条件下的 RMT 边值问题，并推导了相应的有限元方程组。在网格剖分时，为了能够处理复杂地形及地质构造，模型离散采用非结构的三角形网格。同时，为了保证网格节点合理有效地分布，在网格剖分时引入局部加密技术。之后，通过算例对比，验证了程序的正确性；通过 Dike 模型讨论了空气层厚度对 RMT 数值解的影响；通过不同高程的山脊模型研究了位移电流随高程的变化规律。最后，通过舒家店实际模型综合对比分析了位移电流在 RMT 模拟中的重要性。

2. RMT 数据处理与解释多是采用 MT 反演软件，这往往会得到一些虚假的浅层目标体，进而影响数据解释的准确性。为解决这一问题，本书在正演模拟的基础上开发了 2D 全电流 RMT 反演软件。首先，书中仍采用非结构的三角形剖分来生成反演网格，在此基础上进行网格加密生成正演网格，这样采用正反演双网格既可避免不必要的反演耗时，同时保证了每个迭代步中高精度的正演计算和灵敏度求取；然后，采用光滑约束的 Gauss – Newton 法实现反演过程，并通过带起伏地形的复杂 2D RMT 模型进一步讨论了位移电流和地形对反演结果的影响，发现忽略位移电流会使得 RMT 反演结果在浅地表出现虚假高阻异常；最后，借助灵敏度的概念，解释了全电流反演能够有效抑制浅地表虚假构造的原因。

3. 目前，电磁法数据反演主要以寻求地下介质电阻率分布为目的，然而，实际采集到的观测数据是由地下介质多种电性参数引起的综合反映。这样，在某些情况下，通过单参数(电阻率)的反演来拟合观测数据是存在一定偏差的。例如，高阻地质背景下采集的 RMT 数据中，由介电常数引起的位移电流会对观测数据造成不可忽略的影响。因此，本书研究了双参数(电阻率–介电常数)同步反演算法。首先，为保证能够处理复杂地形，双参数反演仍采用非结构的双网格策略。其次，书中构建了双参数目标函数，并推导了反演迭代方程组。然后，本书重点讨论了双参数的尺度变换，通过引入参考频率定义了相对电导率的概念，从而统一了反演中不同参数对正演响应的贡献，保证双参数反演的稳定性。之后，书中讨论了参考频率、正则化因子的选取对反演结果的影响，给出了选取方案。最后采用理论模型验证了双参数反演算法的正确性，并通过挪威 Smørgrav 市某区域实测 RMT 数据进行反演，反演得到的电阻率剖面与已有结果能够很好地吻合，表明本书所开发的反演程序是稳定的、可靠的，对实际资料的处理与解释具有一定的指导意义。

本书第 5 章所采用的实测数据均由瑞典乌普萨拉大学的 Thomas Kalscheuer 教授提供，作者深表感谢。

本书所采用的符号与缩写列表如下，供读者阅读时参照。

笔 者
2017 年 5 月

符号与缩写列表

符号/缩写	描述[单位]
(x, y, z)	直角坐标系，z 方向垂直向下[m]
$\boldsymbol{E}, \boldsymbol{H}$	电场强度[V/m]，磁场强度[T]
$\boldsymbol{B}, \boldsymbol{D}$	磁感应强度[T]，电位移[C/m^2]
$\boldsymbol{j}_d, \boldsymbol{j}_c$	位移电流密度，传导电流密度[A/m^2]
f	频率[Hz]
ω	角频率[rad/s]
σ	电导率[S/m]
$\varepsilon, \varepsilon_0, \varepsilon_r$	介电常数，真空中的介电常数[F/m]，相对介电常数
μ_0	真空中的磁导率[H/m]
Z	阻抗
ρ_a	视电阻率
φ	相位
α	吸收系数
β	相位系数
δ	趋肤深度[m]
c	光速[m/s]
λ	波长[m]
Re	复数的实部
Im	复数的虚部
Φ	目标函数
$\boldsymbol{m}$	模型向量
$\boldsymbol{d}$	观测数据
C_d^{-1}	数据光滑度矩阵
C_m^{-1}	模型光滑度矩阵
$M^{\text{FWD}}, M^{\text{INV}}$	正演网格单元数，反演网格单元数
$\overline{M}$	反演网格中所包含的正演网格数
N	观测数据个数
$\boldsymbol{J}$	灵敏度矩阵

目录 / Contents

第1章 绪 论

  射频大地电磁法(radio-magnetotelluric，RMT)是以无线电发射机为信号源的一种地球物理勘探方法，近年来被广泛应用于数米至数十米的近地表工程和环境地球物理勘探。非结构网格以其有效地节点分布和可灵活地模拟任意复杂地形及地下构造等优势正逐步应用到地电磁场数值模拟中。考虑全电流条件下的RMT快速高精度反演是准确反映真实地下构造的关键。本书拟开展基于非结构网格的2D复杂地形下RMT正演模拟及正反演双网格多参数同步反演研究。作为反演的核心，正演算法采用基于非结构网格的节点有限元法，计算全电流条件下任意复杂地电模型的电磁场响应。反演算法中，反演过程采用非结构的粗网格，正演过程通过对粗网格进行自适应加密得到密网格后求解，可在保证计算精度的同时有效提高反演速度，在此基础上进一步研究电阻率和介电常数的联合反演，从而提高反演分辨率。本书的研究对提高RMT资料解释水平具有重要的理论和实际意义。

1.1 研究意义

  RMT是通过无线电发射机发射10 kHz ~ 250 kHz的场源信号，然后在远区采集电磁资料进而研究百米内地下构造的一种物探方法。近年来，射频大地电磁法被广泛地应用于工程勘探及环境监测(Pedersen et al.，2005，2006；Tezkan et al.，2000，2005，2008；Ismail et al.，2011；Bastani et al.，2013等)，已成为浅地表勘探的重要手段之一。

  射频大地电磁法最早是由Müller及其课题组于1994年提出的，他们通过研制RMT - R仪器将传统电磁法的勘探频率扩展至12 kHz ~ 240 kHz来进行某地区的浅地表含水层探测。RMT数据采集与传统MT类似，均是采集磁场三分量 H_x、H_y、H_z 和电场两分量 E_x、E_y，因而，目前RMT的数据处理与解释也多是直接采用MT的软件。然而，MT的测量频率在数百赫兹内，在该频段，电磁场以感应扩散为主，因此在数值模拟时通常进行准静态假设，忽略位移电流。RMT的测量频段为10 kHz ~ 250 kHz，在该频段内，位移电流并不是远小于传导电流，因而不可忽略，尤其是当地下岩体为结晶类高阻岩石(如石英岩等)(Chave et al，2012)。因此，直接采用MT的方法原理进行RMT数据的反演解释势必会带来虚假构造，得到不合理的解释结果(Kalscheuer et al, 2008, 2010)。为此,本书研究考虑位移电流的全电流条件下 RMT 数值模拟及反演具有重要的理论意义和实用价值。

快速高精度的正演算法是反演的基础。目前,电磁领域数值模拟方法主要有三类,即有限单元法、有限差分法和积分方程法。积分方程法计算速度快,但是通常只适用于简单的模型;有限差分法推导过程简单,容易实现,由于结构化网格非常贴近差分近似的概念,因而有限差分法多采用结构化网格,这使得差分法在处理复杂地形时表现出局限性;有限单元法是对研究区域进行网格剖分,然后利用插值多项式来近似未知场值,其网格只需满足插值条件即可,并无形状要求,因而可灵活模拟任意复杂地形和地下构造。近年来,由于非结构网格的引入,使得有限单元法可通过局部加密策略保证网格单元合理有效地分布,既提高了关心区域的计算精度,又不致增加过多的计算负担。因此,基于非结构网格的数值模拟已成为电磁计算领域的研究趋势。在进行 RMT 正演模拟时,本书拟采用基于非结构三角网格的有限单元法,同时通过局部加密控制网格节点的分布,以期在保证计算精度的条件下尽量提高计算速度,为快速反演做基础。

目前,国内外电磁反演方法不断推陈出新,但是反演网格仍是以结构化的六面体或四边形为主,这就带来两方面的问题:(1)结构化网格不能精确处理复杂模型;(2)模拟起伏地形时,某处的节点加密会导致整个方向的节点都增加,因而不必要的节点势必降低反演速度。为此,本书拟研究基于非结构网格的反演。非结构网格在提高复杂模型反演精度的同时,势必会加大反演算法的复杂性,因而进行非结构网格的反演需要解决如下几个难点问题:(1)任意复杂模型的非结构网格自动生成技术。通常,结构化网格是通过手动剖分或者设定步长来得到,而非结构网格的生成则涉及复杂的几何算法,由于网格质量对有限元解的精度有较大的影响,因此高质量的非结构网格自动生成技术成为需解决的关键问题之一。(2)非结构的正反演网格映射关系。在进行反演时,我们关心的是地下电阻率信息,因此反演网格无需在测点附近过度加密,而在正演计算时,根据电磁波在地下的衰减特性,我们需要在浅地表处进行局部网格加密,从而保证得到高精度的正演响应。基于正反演网格这一不同需求,嵌套网格被广泛地应用于地球物理反演中。然而,传统的正反演嵌套网格均采用结构化的网格,非结构嵌套网格的生成更为复杂。嵌套的非结构网格最简单的生成策略为:首先生成非结构的反演粗网格(三角形网格),然后对每个单元的三条边进行二分,连接三个二分点得到一个内部小三角形,这样一个反演单元就被分割成四个小单元,重复这一过程即可得到加密的正演网格。但是,这种方法势必会导致某些区域单元的不合理分布。本书在生成反演粗网格后,首先通过*.poly 文件固定反演网格,避免在进一步加密得到正演网格时出现悬点而带来更多复杂问题,其次通过局部加密策略对反演网格进行加密来得到合理的正演网格。这样既可保证生成嵌套的正反演网格，且正演网格一定是反演网格的子集。网格生成后，我们需要解决正反演网格单元参数的映射问题，因为在反演得到模型改变量后需要将参数传递到正演网格中进行下一次迭代。要知道某一个正演网格在哪个反演网格中，最直接的方法就是遍历法，如果正演网格中心点与反演网格三个节点连接而成的三个角度数之和为 360°，那么这个正演网格就位于该反演网格内，否则就在反演网格外。然而遍历法是相当耗时的，尤其在单元数较多的情况下。因此，快速的非结构网格映像是需要解决的一大难题。(3) 非结构网格上模型光滑度矩阵的设计。在正则化反演中，为了降低反演的非唯一性保证反演模型更贴近实际，目标函数的构建通常包括数据拟合项和模型约束项，模型项中的光滑度矩阵就是保证反演的地下构造是渐变的。光滑度矩阵的设计通常是采用模型的一阶梯度或二阶梯度 (Laplace 操作数)，梯度在结构化的网格中可以很容易地表示出来，而在非结构的网格中涉及相邻网格单元的搜索及插值实现起来会更加困难。(4) 快速稳定的反演算法的实现。目前，主流的电磁反演方法有三类，分别为：高斯－牛顿法及其变种，其典型代表为 OCCAM；下降类方法，如非线性共轭梯度法 (NLCG)；近似算法，如快速松弛法 (RRI)。每种反演方法都有其各自的优缺点，高斯－牛顿类方法需要求解和存储密实的灵敏度矩阵；NLCG 只需求解 Jacobian 矩阵及其转置与一向量之积，大大节省内存消耗，但是其反演结果受初始模型的影响较大；RRI 中灵敏度矩阵的求取采用近似算法，能够很大程度上提高反演计算速度，但是，也是由于这种近似可能导致反演失败。此外，正则化因子的选取对反演也至关重要，不恰当的正则化因子不但影响反演的收敛速度，甚至可能导致反演失败。因此，本书必须寻找适用于非结构网格的快速稳定的反演算法。

根据麦克斯韦方程组，电磁场的数值计算涉及电阻率、介电常数和磁导率三个电性参数。然而，在目前的电磁反演中，通常都是根据观测资料 (视电阻率、相位、倾子等) 来反演得到地下介质的电阻率分布情况。这对于传统准静态假设下 (中低频) 的电磁反演是合理的，因为在野外实际情况下，当频率较低时位移电流相比于传导电流可忽略不计，也就是说介电常数对电磁响应的影响微乎其微。而对于本书的射频大地电磁反演来说，位移电流不可忽略，笔者在研究中发现，对于野外常见的金属矿而言，其相对介电常数通常为几十，这种情况下，是否考虑介电常数会使视电阻率产生高达 20% 以上的相对误差，而相位也会有十几度的误差。因此，本书拟研究多参数同步反演算法，包括多参数目标函数的构建法则、参数耦合关系的建立以及如何消除方程的不适定性等。本书不仅对提高电磁反演分辨率有重要的理论意义，而且能够进一步促进实测数据的处理与解释水平，对电磁法正反演有着重要的学术贡献。

1.2　RMT 方法简介

射频大地电磁法(radio magnetotelluric，RMT)属于大地电磁法(MT、AMT、CSAMT)的范畴，它测量的是远程无线电发射机的电磁场，频率范围包括 VLF(10 kHz～30 kHz)、LF(30 kHz～300 kHz)和 MF(300 kHz～3000 kHz)。其电磁信号可视作平面波，以介质表面阻抗(Z)的响应函数连接电场的磁场分量，继而提供测量点的岩石电性信息。RMT 在 10 kHz～1000 kHz 频段的研究深度一般为 1～100 m。围岩电阻率越大，则探测深度越大。例如在结晶基底上，探测深度可达到几百米。而在导电沉积岩(电阻率为 10～100 Ω·m)中，射频电磁信号衰减很快，探测深度则减小到几十米。

由于 VLF 无线电发射机的最低频率为 11.9 kHz，因此标准 RMT 技术的最低频率也受限于此。在此基础上，可控源射频大地电磁法(controlled source radio magnetotelluric，CSRMT)技术的研发突破了该限制。通过引入额外的可控人工源，可使最低频率降低到 1 kHz。这一技术使探测深度可达到标准 RMT 的 3 倍左右。CSRMT 技术通常用于 1 kHz～10 kHz 频带，但是一些 CSRMT 发射机也可以工作在 10 kHz～1000 kHz 频带。特别是在没有无线电发射机的偏远地区，CSRMT 的作用更为显著。

通常，RMT 的观测时间为每站 2～3 min，CSRMT 的观测时间为每站 4～6 min。在干扰较大的区域，可适当延长采集时间，增加数据叠加次数。由于 RMT 是频率测深方法，无需改变几何极距，同时单站采集时间短，因此与常规的直流电阻率类的测深方法相比，其工作效率很高。在此基础上，通过设置较密的剖面和测站距离，可以提高 RMT 的横向分辨率。RMT/CSRMT 技术的另一个优点是使用不接地(电容)电天线，该天线能够在任何类型的地面上进行测量，包括冰、雪、混凝土、沥青等。

RMT 的观测装置与大地电磁法类似，其基本形式为观测并记录相互正交的张量电磁场，但 RMT 因观测频段更高，故数据的采样频率更高。典型的地面 RMT 观测装置如图 1-1 所示，典型的船拖式水中 RMT 观测装置如图 1-2 及图 1-3 所示。观测装置中包含对偶电极(观测水平正交的两道电场)、磁线圈(观测水平及竖直正交的三道磁场)、主机盒子(模拟滤波器)以及控制处理单元等部分，其具体布设方式与大地电磁法一致。

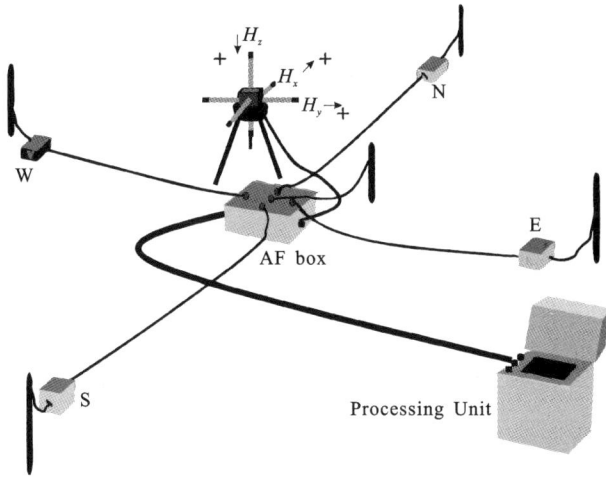

图 1 - 1　地面 RMT 观测：Enviro - MT 观测系统示意图

（据 Bastani et al. , 2009）

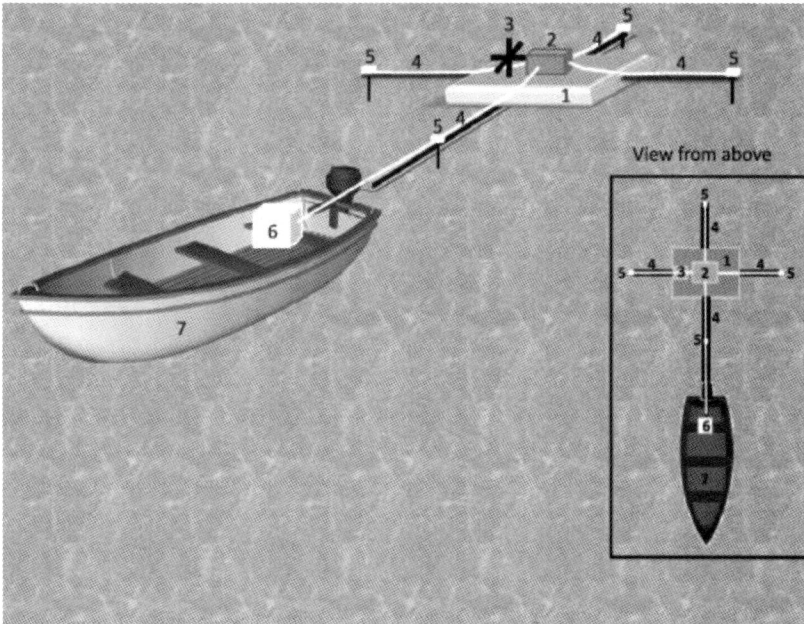

图 1 - 2　船拖式水中 RMT 观测示意（据 Bastani et al. , 2015）

1—浮动平台；2—主机盒子；3—三道磁传感器；4—电场测量臂及电缆线；

5—电场前置放大器；6—中央处理器；7—摩托艇

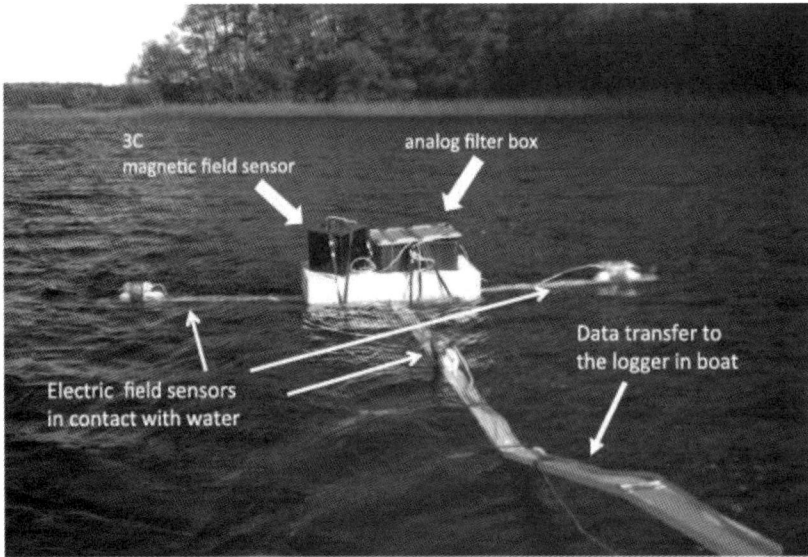

图 1 - 3 船拖式 RMT 野外观测的实地照片

（据 Bastani et al., 2015）

1.3 国内外研究现状

1.3.1 射频大地电磁法的发展

射频大地电磁法最早是由 Müller 及其课题组于 1994 年提出的，当时，为了探测一地下孔隙层的含水情况，他们研制了探测频率为 12 ~ 240 kHz 的标量 RMT - R 仪器。随后，Tezkan et al. (1996, 2000) 采用该仪器进行了废弃物的排查；Persson (2001) 利用该仪器研究了某区域的断裂构造。Bastani(2001) 研发了一个新的 RMT 探测系统(称为 EnviroMT)，该系统实现了 RMT 的张量测量，进一步推广了 RMT 的实际应用。Bastani(2001) 详细阐述了张量 RMT 的数据处理方法，并采用该仪器探测了地下 20m 处的砂岩中赋存的地下水；Bastani et al. (2009) 将 RMT 与可控源方法相结合探测某区域的热液型铜矿；Tezkan et al. (2005) 采用 RMT 进行了地表石油泄漏污染的排查，相比于传统的钻孔方法，既节省了勘探成本又提高了勘探效率；Bastani et al. (2013) 采用 RMT 判断了某地区石灰岩脉的走向，为进一步开采提供帮助。受仪器的限制，RMT 在国内的实际应用尚未开展。

射频大地电磁法(radio – magnetotelluric，RMT)近年来广泛地应用于地下水勘探(Turberg et al.，1994；Tezkan et al.，2000)、废弃物的排查(Zacher et al.，1996；Tezkan et al.，1996，2000)及考古勘探(Zacher et al.，1996)。由于 RMT 是 MT 的频带拓展，它通过无线电发射机发射 10 kHz ~ 250 kHz 的场源信号，然后在远区探测电磁场实现百米内的电性勘探，因此 RMT 的数据采集与处理手段与 MT 类似(Bastani et al.，2013)。大部分学者在进行 RMT 数据处理与解释时直接采用 MT 的程序进行(Tezkan et al.，2000；Newman et al.，2003；Linde et al.，2004；Candansayar et al.，2006；Candansayar et al.，2008)，RMT 数据处理时常用的 MT 程序有 OCCAM (Degroot – Hedlin et al.，1990)，D2INV (Mackie et al.，1993；Rodi et al.，2001)，R2DMTINV (Candansayar et al.，2008)，REBOCC (Siripunvaraporn et al.，2000；Pedersen et al.，2005)等。由于 MT 测量频率在数百赫兹内，该频段内的电磁场以感应扩散为主，因此在数值模拟时通常进行准静态假设，忽略位移电流。RMT 的测量频段为 10 kHz ~ 250 kHz，在该频段内，位移电流并非远远小于传导电流，因而不可忽略，尤其是当地下岩体为结晶类高阻岩石时(如石英岩等)(Chave et al.，2012)。因此，直接套用 MT 反演软件进行 RMT 数据解释会导致反演得到的地下电阻率值出现不切实际的极值(Persson et al.，2002；Kalscheuer et al.，2008)，从而得不到合理的解释结果。

目前，不少学者通过一维解析解(wait et al.，1996)探讨了层状介质下位移电流对平面电磁波响应的影响。Sinha(1977)研究了层状介质中位移电流对水平电场与垂直电场之比(即波倾斜度)的影响，其计算频率频段从超低频到无线电频率，结果表明在高阻背景下，频率大于 100 kHz 后位移电流就不可忽略。Persson et al. (2002)讨论了一维 RMT 响应中，位移电流对视电阻率和相位的影响，表明考虑位移电流得到的视电阻率和相位值均低于准静态计算结果，同时文中对层状模型进行反演，得出结论：不考虑位移电流的反演电阻率与实际偏差较大。Huang et al. (2002)研究了位移电流对高频航空电磁资料的影响，表明位移电流会降低视电阻率以及一次磁场与二次磁场之比的实部与虚部分量，但他未考虑空气中的位移电流。Yin et al. (2005)首先计算了空气中位移电流的影响，进而讨论了均匀半空间中地下位移电流随介电常数的变化规律。继均匀半空间和层状模型后，Kalscheuer et al. (2008)首次研究了二维介质中位移电流对 RMT 响应的影响，说明了在 RMT 频段内，当地下电阻率大于 1000 Ω·m 时，位移电流会对计算精度产生较大影响，视电阻率和相位值均低于准静态结果，同时准静态条件下的反演结果会带来虚假构造，导致错误的解释。然而，Kalscheuer et al. (2008，2010)的有限差分正反演程序仅局限于平地形的研究。

1.3.2 电磁法数值模拟的发展与非结构化网格技术

目前,地电磁场的数值模拟方法主要有三类:积分方程法(IE)、有限差分法(FD)和有限单元法(FE)。积分方程法是将微分形式的 Maxwell 方程组简化为二阶 Fredholm 积分表达式,然后采用格林函数技术并进行区域网格离散得到线性方程组,虽然有不少学者对其进行了研究(Ting et al., 1981; Wannamaker et al., 1984; Newman et al., 1988; Hohmann, 1988; Cerv, 1990; Wannamaker, 1991; Dmitriev et al., 1992; Xiong, 1992; Xiong et al., 1995; Kaufman et al., 2001; Zhdanov et al., 2006; Zhdanov et al., 2007; Gribenko et al., 2007; Endo et al., 2008; 朴华荣等,1985; 陈久平等,1990; 殷长春等,1994; 毛先进等,1996; 曹建章等,1998; 鲍光淑等,1999; 孙子英等,2000; 鲁来玉,2003; 邵长金等,2006; 魏宝君等,2007; 王若等,2009; 陈桂波等,2009; 王劲松,2006; 胡俊华,2014; 等),但是在复杂地形及地质构造下,格林函数的推导变得异常困难,因而积分方程法主要应用于简单模型的计算。有限差分法以其原理简单、实现容易而受到众多学者的青睐,自 Yee(1966)提出交错网格后,基于交错网格的有限差分法就广泛应用于电磁场模拟中,Jones et al. (1972),Smith et al. (1991),Mackie (1993)等采用有限差分法实现了大地电磁场的数值模拟;Haber et al. (2000),Haber et al. (2001),Weiss et al. (2006),Newman et al. (1995)等实现了可控源电磁场的有限差分模拟;Dey et al. (1977),Spitzer(1995)等采用有限差分法进行了直流电阻率法模拟;Weidelt (1999),Weiss et al. (2002,2003)等采用有限差分法研究了各向异性介质对电磁响应的影响;Wang et al. (1993),Wang et al. (1996),Commer et al. (2004)等采用有限差分法进行了时域电磁场求解。国内也有众多学者进行了有限差分法数值模拟,并取得了突出成果:王建等(1996)、冯德山等(2006)、薛桂霞等(2006)、王兆磊等(2007)、李静等(2010)、吴丰收等(2009)实现了二维/三维时域有限差分法的探地雷达数值模拟研究;周熙襄等(1983)、罗延钟等(1984)、吴小平等(1998)、邓正栋等(2001)、刘树才等(2004)、Lu J J et al. (2010)、魏永强(2010)、张东良等(2011)、杨金凤(2012)等研究了有限差分法在直流电阻率法数值模拟中的应用,探讨了差分格式、网格剖分及地形等对数值精度的影响;宋维基等(2000)、阎述等(2002)、徐凯军等(2004)、周仕新等(2005)、肖怀宇(2006)、岳建华等(2007,2008)、陈丹丹(2008)、赵云威(2012)、关珊珊(2012)、许洋铖等(2012)、辛会翠(2013)等实现了基于有限差分法的 2D/2.5D/3D 井/地瞬变电磁场数值模拟研究;谭捍东等(2003)实现了基于交错网格的三维大地电磁有限差分正演模拟,董浩等(2014)在此基础上实现了基于有限差分的三维大地电磁反演,沈劲松(2003,2009)采用交错网格有限差分法分别实现了三维电磁模拟及二维海底可控源的数值模拟,胡善政(2006)实现了人工电偶极源下的三维 CSAMT 模拟, 付长民等(2009)开展了海洋可控源的三维模拟, 邓居智(2011)将多重网格法与有限差分相结合实现了三维 CSAMT 模拟, 陈锐(2012)在此基础上研究了并行算法, 张双狮(2013)通过时域有限差分实现了三维海洋可控源的数值模拟。由于有限差分法是基于差分近似的理念, 而结构化的网格非常适合差分近似, 因此其网格多采用结构化的矩形(2D)或六面体(3D)网格, 这使得有限差分法在模拟复杂地形及地质构造内边界时出现了一定的困难, 通过阶梯近似势必带来拟合误差, 降低求解精度。自 Coggon(1971)首次将有限单元法应用于求解地电场问题后, 大量学者将有限单元法成功应用于地电磁场模拟中(Reddy et al., 1977; Pridmore et al., 1981; Livelybrooks 1993; Zunoubi et al., 1999; Zyserman et al., 2000; Badea et al., 2001; Pain et al., 2002; Rücker et al., 2006; 阮百尧等, 2002; 熊彬等, 2002; 吴小平等, 2003; 底青云等, 2004; 陈小斌等, 2004; 张继峰等, 2009; 任政勇等, 2009; 汤井田等, 2010; Tang J T et al., 2010; 李长伟等, 2010; 徐志峰等, 2010; 李勇等, 2015; 殷长春等, 2015)。有限单元法得以广泛推广的重要原因之一是其单元结构灵活, 通过三角形(2D)或四面体(3D)网格进行区域离散可灵活模拟任意复杂的地形及地质构造。网格离散化技术经历了从结构化网格到非结构化网格的过渡。结构化网格简单易用(如图 1 - 4 所示), 因此早期的电磁场模拟常采用结构化网格。但结构化网格模拟复杂的地下结构及地表地形的精度较低, 而非结构化网格的突出特点是可更为精确地逼近复杂地电模型(如图 1 - 5 所示)。近年来, 随着计算机技术、有限元技术及非结构化网格加密技术等的发展, 非结构化有限元模拟获得了越来越多的应用。自适应算法首次由 Babuska et al. (1977), 提出, 近年来, 随着各类自适应算法的发展, 基于非结构网格的有限单元法掀起了研究热潮, Key et al. (2006), Franke et al. (2007)采用自适应有限元模拟得到复杂 2D 构造下的电磁响应模型, 其中自适应的网格加密策略不仅降低了总节点数, 加快了计算速度, 而且更进一步提高了有限元模拟的灵活性。国内近几年对自适应算法的研究也有了突飞猛进的进展: 任政勇(2007)、王飞燕(2009)、陈晓晖等(2011)、李辉等(2012)、严波(2013)等采用自适应有限元算法实现了 2.5D、3D 直流电阻率法的数值模拟; 汤井田等(2007)、刘长生(2009, 2010)、刘云等(2010)、柳建新等(2012)研究了自适应有限元法在 2D、3D 大地电磁模拟中的应用。考虑到本书拟研究 2D RMT 的数值模拟, 由于 RMT 的勘探频率高, 波长短, 场值相比其他电磁勘探方法(MT/AMT/CSEM 等)衰减得更快, 因而需要更为精细的网格划分, 基于此, 本书拟研究基于局部加密的网格生成技术, 从而为得到高精度的 RMT 数值解提供保障。

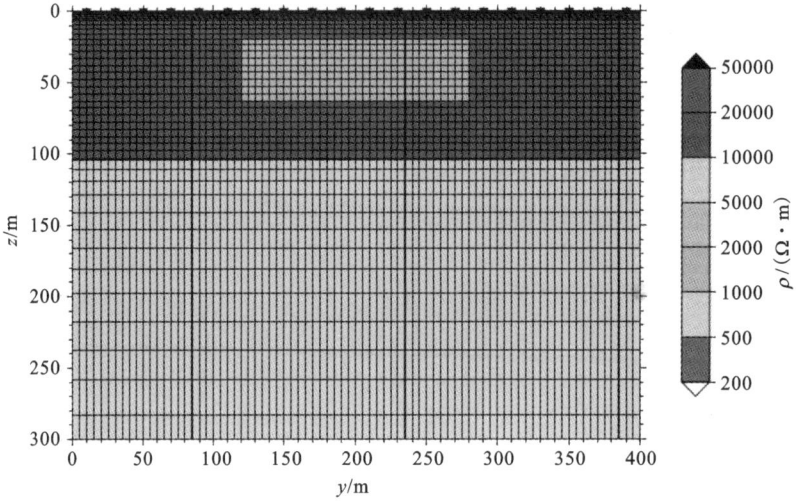

图 1 - 4　结构化网格剖分示意

（据 Kalscheuer et al. , 2008）

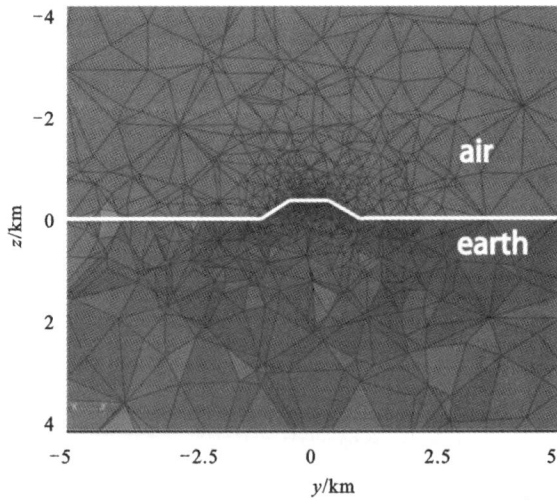

图 1 - 5　非结构化网格剖分示意

（据 Ren et al. , 2013）

1.3.3　电磁法反演的发展与基于非结构化网格的反演

目前，在地电磁场中广泛应用的非线性反演算法主要有以下几类：拟牛顿法（QN）、高斯牛顿法（GN）、共轭梯度高斯牛顿法（GN－CG）、非线性共轭梯度法（NLCG）、快速松弛法（RRI）以及 OCCAM 反演等。牛顿法是将目标函数进行 Taylor 展开，然后对二次项求最小以得到模型修正量（Dennis et al.，1996），在牛顿法迭代中需要求解目标函数的梯度及 Hessian 矩阵，牛顿法最大的优点是能够使目标函数快速收敛到局部极小值，而缺点是 Hessian 矩阵的求解非常困难，因此较少直接将其应用于电磁场反演（Siripunvaraporn，2012）；拟牛顿法是通过在每次反演迭代中构建迭代矩阵来代替 Hessian 矩阵的逆矩阵（Broyden，1969），Nocedal et al.（1999）提出了 DFP、BFGS 和 L－BFGS 算法来构建迭代矩阵，这些方法均可保证反演收敛到局部极小。Haber（2005）、Avdeev et al.（2009）将拟牛顿法成功应用于大规模的电磁反演中，Haber（2005）的结果表明对 Hessian 矩阵进行一些近似处理后能够提高计算效率，此外拟牛顿法的另一优势是只需进行梯度和向量的计算及存储，因此能够有效地节省计算机内存，但是，由于拟牛顿法收敛速度慢，一些学者仅将其作为其他反演算法（GN－CG、NLCG）的预条件来应用（Newman et al.，2004；Haber et al.，2007）；高斯牛顿法直接忽略了牛顿法中的二阶偏导项，但是，由于需要存储 $M \times M$ 阶反演矩阵和 $N \times M$ 阶灵敏度矩阵，GN 法主要应用于 2D 反演（Rodi et al.，2001）。Sasaki（2001，2004）通过将反演网格设定为正演网格的子集来减少反演模型参数，进而节省内存，提高速度。Li et al.（2009）采用 adaptive cross approximation（ACA）技术进行灵敏度矩阵分解使得 3D GN 反演成为可能；为了避免大型矩阵的存储，很多学者采用共轭梯度法（CG）来求解反演方程组（Mackie et al.，1993；Rodi et al.，2001；Haber et al.，2004，2007；Lin et al.，2008），称为 GN－CG。GN－CG 无需显式地求解和存储灵敏度矩阵和反演方程，而只需求解灵敏度矩阵及其转置与一向量之积（Mackie et al.，1993；Newman et al.，2000；Rodi et al.，2001；Siripunvaraporn et al.，2007；Lin et al.，2008），GN－CG 的计算耗时主要取决于 CG 迭代步（Avdeev，2005；Siripunvaraporn et al.，2007；Siripunvaraporn et al.，2011），为了加快 CG 迭代，通常采用预条件处理（Haber et al.，2004）。CG 最大的优点是节省内存，但是 CG 迭代受正则化因子的影响较大，不恰当的正则化因子可能导致反演失败（Siripunvaraporn et al.，2007；Siripunvaraporn et al.，2011）；NLCG 最初由 Fletcher et al.（1964）提出，它与 GN－CG 类似，同样无需求解 Hessian 矩阵，也避免了灵敏度矩阵的显式求解和存储，因而也被大量学者应用于电磁反演（Rodi et al.，2001；Newman et al.，2000；Newman et al.，2004；Commer et al.，2008；Kelbert et al. 2008；Commer et al.，2009），NLCG 同样需要预条件因子来加快收敛速度，提高计算效率;RRI 首次由 Smith et al. (1991)提出,RRI 是将 2D 反演问题转化为 1D 反演问题,通过近似灵敏度矩阵得到测点下方的垂向电阻率分布,然后经过水平方向电阻率插值得到 2D 电阻率分布。作为近似反演算法,RRI 有着其他反演算法无法比拟的计算速度,然而与此同时,RRI 有着一些致命的缺点(Farquharson et al., 1996;Unsworth et al., 2000):(1)模型搜索仅与测点下方的构造有关,这种模型空间的不完全搜索可能导致反演的地电参数正演结果与观测数据无法拟合,(2)通过插值得到地电构造可能带来不合理的虚假信息;OCCAM 是由 Constable et al. (1987)首次提出的,随后 Degroot - Hedlin et al. (1990)实现了 2D 大地电磁资料的 OCCAM 反演。OCCAM 与 GN、NLCG 相比,其优点是正则化因子在每个反演迭代步中通过最优选取(数据拟合差最小或模型范数最小),使得 OCCAM 成为最稳健的反演算法,也正因如此,OCCAM 的计算效率相对较低,此外,与 CG 类似,OCCAM 由于要存储完整的灵敏度矩阵,内存需求也较大(Siripunvaraporn, 2011)。鉴于传统 OCCAM 的上述缺点,Siripunvaraporn 提出了基于数据空间的 OCCAM 算法(DASOCC 法)(Siripunvaraporn et al., 2000;Siripunvaraporn et al., 2005),它将反演方程组由原来的 $M \times M$ 阶降低到 $N \times N$ 阶(其中 M 为模型参数个数,N 为观测数据个数,通常 $M \gg N$),不仅提高了计算速度,而且大大节省了计算机内存消耗(以 EXTECH 数据为例,反演方程组的存储由 84GB 降低至 5GB)。随后,Boonchaisuk et al. (2008)将该方法应用于 2D 直流电阻率反演中。然而,DASOCC 法仍需要大量的内存来存储灵敏度矩阵,Siripunvaraporn et al. (2007)提出基于数据空间的共轭梯度法(DCG),它无需显式存储灵敏度矩阵,减小了内存消耗,但是 DCG 存在与传统 CG 求解一样的缺点,即正则化因子在每个迭代步中是固定的,且正则化因子的选择对反演成败有较大的影响,同时,研究结果表明 DCG 相比 DASOCC 需要计算更多的正演过程,降低了计算效率。国内也有诸多学者对大地电磁反演进行了深入的研究,并成功开发了软件系统,如陈小斌等(2005)提出了自适应正则化反演算法并对大地电磁二维解释进行了深入研究(蔡军涛等,2010;叶涛等,2013;陈小斌等,2014);Zhang L L et al. (2010)研究了关于尖锐边界的大地电磁反演;胡祖志等(2006)研究了大地电磁非线性共轭梯度反演;董浩等(2014)研究了基于有限差分的三维大地电磁反演;胡祥云等(2012)实现了三维大地电磁数据空间反演的并行算法。综上所述,不同反演算法都有其或是计算量或是内存方面的优势,考虑到本书研究的是 2D RMT 反演问题,其内存需求方面较易满足,因此拟选择 GN 来搭建反演框架。

目前,基于完全非结构网格的直接带地形反演研究相对较少。Baranwal et al. (2007, 2011)实现了基于非结构网格的 MT 及 VLF 数据反演;Günther et al. (2006)讨论了基于三重非结构网格的 3D 直流电阻率法反演,Rücker(2011)在此基础上实现了基于三重非结构网格的 3D 直流电阻率法反演并完成其博士论文;

Key（2011）实现了基于非结构网格的海洋电磁数据反演。现阶段，基于完全非结构网格的反演处于起步阶段，仍存在一些问题，如非结构网格下模型粗糙度矩阵的构建、正演网格加密策略、如何避免由非结构网格引起的灵敏度畸变等，本书拟开展非结构网格反演的研究并解决非结构化所带来的相关问题。

1.3.4 电磁法多参数同步反演的研究

目前，地球物理电磁数据反演主要以得到与观测数据相吻合的地下电阻率模型为目的。然而，对于高频电磁法，如 RMT、GPR 等，电磁波的传播除了与导电介质所产生的传导电流有关，也与介电性引起的位移电流有关，因而部分学者研究了多参数同步反演来提高电磁资料处理水平。Busch et al.（2012）研究了两层模型下 GPR 数据的全波形同步反演，对三种同步策略进行了对比；Lavoué et al.（2012，2014）采用拟牛顿法实现了 2D 频率域 GPR 数据的同步反演；Gomes et al.（2014）采用两种反演算法（蚁群优化算法和拟牛顿法），对比了二者的同步反演效果；Operto et al.（2013）研究了多参数全波形反演中合理的参数化选择策略、不同参数权重对反演的影响；Meles et al.（2010）基于时域有限差分正演实现了 GPR 数据的电导率 - 介电常数同步反演。然而，已发表的文献中以 GPR 数据的同步反演居多，GPR 数据受介电常数的影响更为明显，因此部分研究结论并不适用于 RMT 数据的同步反演。本书拟研究 RMT 数据同步反演中参数的变换、灵敏度的统一等问题，实现 RMT 数据的电导率 - 介电常数同步反演。

1.4 本章小结

本章论述了本书的研究意义、RMT 的基本观测方式以及 RMT 正反演的国内外研究现状。主要说明了 RMT 因为观测频段较 MT/AMT 更高，位移电流的影响不可忽略，直接套用现有 MT 程序必将带来极大的误差，正演时必须考虑位移电流的影响，反演中需要考虑电导率和介电常数双参数模型，以提高正反演的精度，获得更可靠的结果。由于 RMT 的目标深度一般在百米以内，地形的影响相较其他大深度频率域电磁测深方法更为显著，而直接带地形的反演是解决地形效应影响的最佳手段，因此，RMT 带地形的正反演具有重要的研究价值。非结构化网格技术是当前数值模拟中的研究热点，该技术可以获得更高的网格质量，更合理地利用计算资源，继而有效提高 RMT 正反演的精度，同时非结构化网格可方便地模拟任意复杂地形，继而研究地形影响并处理地形效应。

为此，本书针对 RMT 现有正反演技术的不足，通过引入非结构化网格技术，进行考虑电导率、介电常数双参数的正、反演，致力于提高 RMT 数值模拟及反演的精度，为 RMT 技术的发展提供技术支持。

第 2 章　考虑位移电流的复杂地形下 2D RMT 非结构有限元正演模拟

2.1　引言

数十年来，大地电磁法(MT)已广泛地应用于几公里至数十公里的深部地质构造调查及资源勘探(董树文，2012；张乐天，2012；詹艳，2014；Tang J T et al.，2013；Nabighian M N et al.，2005；Anjana K et al.，2013；等等)。射频大地电磁法(RMT)近几年才逐步应用于数米及数十米内的浅地表勘探(Ismail et al.，2011；Bastani et al.，2013；等等)。为实现野外数据的处理与解释，数值模拟的研究不可或缺。早在 20 世纪 70 年代，国内外就有大量学者开展大地电磁法(MT)的正反演数值模拟(Chave et al.，2012；董浩等，2014；等等)，其中也不乏公开的开源代码(Constable et al.，1987；Rodi et al.，2001；Seong et al.，2009；Siripunvaraporn et al.，2005；等等)。但是在进行 RMT 数据处理时，目前多是直接套用 MT 的正反演程序，这会导致反演得到的地下电阻率值出现不切实际的极小或极大值(Kalscheuer et al.，2008)，从而扭曲解释结果。由于 MT 测量频率在数百赫兹内，在该频段，电磁场以感应扩散为主，因此在数值模拟时通常进行准静态假设($\omega\varepsilon \ll \sigma$)，忽略位移电流。RMT 的测量频段为 10 kHz ~ 300 kHz，在该频段内位移电流不可忽略，尤其是当地下岩体为结晶类高阻岩石(如石英岩等)时。因此，必须实现考虑位移电流的 RMT 模拟程序。

目前，仅有 Kalscheuer et al.(2008)研究了二维介质中位移电流对 RMT 响应的影响。然而，Kalscheuer et al.(2008)的有限差分正演程序仅局限于平地形的研究，但是在野外实际工作中，通常更多的是起伏的地形，那么讨论位移电流在起伏地形下的影响更具实际意义。

自 Coggon(1971)首次将有限元应用于电磁问题中后，有限元因其可以灵活地模拟复杂构造而广泛地应用于地球物理数值模拟中。本章中，笔者开发了基于非结构三角形网格的 2D 带地形 MT/RMT 正演程序，首先以四个算例验证了程序的可靠性，然后研究了空气层厚度对 TM 模式响应的影响，紧接着讨论了不同高程的地形下，位移电流对视电阻率、相位及阻抗的影响，最后，根据地质剖面测试了舒家店实际地球物理模型下位移电流对电磁场的影响。

2.2　考虑位移电流的均匀半空间极化电磁场

平面波电磁场可用麦克斯韦方程组表示，假设空间电导率为 σ，介电常数为 ε，磁导率为 μ_0，那么频率域的麦克斯韦方程组可表示如下：

$$\nabla \times \boldsymbol{E} = -\mathrm{i}\omega\mu_0 \boldsymbol{H} \tag{2-1}$$

$$\nabla \times \boldsymbol{H} = (\sigma + \mathrm{i}\omega\varepsilon)\boldsymbol{E} \tag{2-2}$$

$$\nabla \cdot (\varepsilon \boldsymbol{E}) = q \tag{2-3}$$

$$\nabla \cdot \boldsymbol{H} = 0 \tag{2-4}$$

电磁场中的四个基本量通过物性参数 μ 和 ε 相联系，

$$\boldsymbol{D} = \varepsilon \boldsymbol{E} \tag{2-5}$$

$$\boldsymbol{B} = \mu \boldsymbol{H} \tag{2-6}$$

式（2-1）~式（2-6）中，$\boldsymbol{E}$ 和 $\boldsymbol{H}$ 分别为电场强度和磁场强度；$\boldsymbol{D}$ 和 $\boldsymbol{B}$ 分别为电位移向量和磁感应强度；σ、ε、μ 分别表示介质的电导率、介电常数和磁导率；$\omega = 2\pi f$ 为角频率，f 为频率；时间因子取 $\mathrm{e}^{\mathrm{i}\omega t}$。式（2-2）的右端项中，$\boldsymbol{j}_c = \sigma \boldsymbol{E}$ 为传导电流密度，$\boldsymbol{j}_d = \mathrm{i}\omega\varepsilon \boldsymbol{E}$ 为位移电流密度。传导电流是由导电介质中自由电荷的定向移动所产生的，而位移电流是由变化的电场所产生的，当传导电流远远大于位移电流时，式（2-2）中的 $\boldsymbol{j}_d = \mathrm{i}\omega\varepsilon \boldsymbol{E}$ 可忽略，这种简化称为准静态近似。我们知道，MT 测量的频率范围为 $10^{-3} \sim 10^3$ Hz，假设地下电阻率为 10000 $\Omega\cdot m$，同时取 MT 的最高测量频率 1000 Hz，相对介电常数为 5，经计算，位移电流 $\omega\varepsilon = 2.8 \times 10^{-7}$ A 远远小于传导电流，可忽略。而 RMT 的测量频率范围为 10 kHz ~ 300 kHz，当测量频率取 300 kHz 时，采用上述相同的地质参数，位移电流 $\omega\varepsilon = 0.8 \times 10^{-4}$ A，与传导电流大小相当，因此不可忽略。基于上述讨论，在本书模拟中，MT 算例均不考虑位移电流，而在 RMT 算例中讨论考虑位移电流的影响。

为了研究考虑位移电流情况下电磁场的传播规律，我们首先研究均匀介质中的电磁场。对式（2-1）和式（2-2）两端分别取旋度，再结合式（2-3）、式（2-4），我们可得到关于电场和磁场的 Helmholtz 方程，

$$\nabla^2 \boldsymbol{E} + k^2 \boldsymbol{E} = 0 \tag{2-7}$$

$$\nabla^2 \boldsymbol{H} + k^2 \boldsymbol{H} = 0 \tag{2-8}$$

其中波数 k 的表达式为

$$k^2 = \omega^2 \mu\varepsilon - \mathrm{i}\omega\mu\sigma \tag{2-9}$$

假设 z 方向垂直向下，在均匀各向同性介质中，式（2-7）、式（2-8）可写成

如下波动方程,

$$\frac{\partial \boldsymbol{E}_x}{\partial z} = -i\omega\mu\boldsymbol{H}_y \qquad (2-10a)$$

$$\frac{\partial \boldsymbol{E}_x}{\partial z} = -i\omega\mu\boldsymbol{H}_y \qquad (2-10b)$$

$$\frac{\partial^2 \boldsymbol{H}_x}{\partial z^2} + k^2\boldsymbol{H}_x = 0 \qquad (2-11a)$$

$$\frac{\partial \boldsymbol{H}_x}{\partial z} = (\sigma + i\omega\varepsilon)\boldsymbol{E}_y \qquad (2-11b)$$

根据边界条件和初始值,微分方程式(2-10a)和式(2-11a)的一般解为:

$$\boldsymbol{E}_x = \boldsymbol{E}_{0x}e^{i\omega t}e^{-kz} \qquad (2-12)$$

$$\boldsymbol{H}_x = \boldsymbol{H}_{0x}e^{i\omega t}e^{-kz} \qquad (2-13)$$

其中 E_{0x} 和 H_{0x} 为上边界的电磁场初始值,$e^{i\omega t}$ 为时间因子。再根据式(2-10b)和式(2-11b)可得到考虑位移电流情况下的均匀介质中的阻抗 Z^{RMT}、视电阻率 ρ_a^{RMT} 和相位 φ^{RMT} 的表达式:

$$Z^{RMT} = \sqrt{i\omega\mu_0/(\sigma + i\omega\varepsilon)} \qquad (2-14a)$$

$$\rho_a^{RMT} = 1/\sqrt{\omega^2\varepsilon^2 + \sigma^2} \qquad (2-14b)$$

$$\varphi^{RMT} = \arctan\left(\frac{\sqrt{\omega^2\varepsilon^2 + \sigma^2} - \omega\varepsilon}{\sigma}\right) \qquad (2-14c)$$

然而,对于频率相对较低的 MT 而言,当忽略位移电流后,均匀半空间的阻抗 Z^{MT}、视电阻率 ρ_a^{MT} 和相位 φ^{MT} 的表达式为:

$$Z^{MT} = \sqrt{i\omega\mu_0/\sigma} \qquad (2-15a)$$

$$\rho_a^{MT} = 1/\sigma \qquad (2-15b)$$

$$\varphi^{MT} = \arctan(1) \qquad (2-15c)$$

对比式(2-14a、b、c)、式(2-15a、b、c)可看出,在准静态条件下,阻抗仅与地下介质的电导率、磁导率和测量频率有关,而均匀半空间的视电阻率即为地下介质的真实电阻率,相位恒为 45°。但是,当考虑位移电流后,阻抗还与地下介质的介电常数有关,且介电常数越大阻抗越小,视电阻率和相位也不再为常量,而是与地下介质的电导率、介电常数以及测量频率相关,且随着频率的升高逐渐减小。表 2-1 给出了频率为 250 kHz、地下电阻率为 10000 Ω·m 时不同介电常数所计算的 RMT 视电阻率和相位。从表中可看出,介电常数的增大会引起视电阻率和相位的明显下降。

表 2 – 1　$f = 250$ kHz、$\rho = 10000$ $\Omega \cdot$ m 时不同 ε_r 所计算的 RMT 视电阻率和相位

计算频率	$f = 250$ kHz				
模型参数	$\varepsilon = 0$	$\varepsilon_r = 1$	$\varepsilon_r = 10$	$\varepsilon_r = 50$	$\varepsilon_r = 80$
视电阻率/($\Omega \cdot$m)	10000	9905	5843	1425	896
相位/(°)	45	41.0	17.9	4.1	2.6

从式(2 – 9)可看出,波数 k 为一复数,将其写为实部和虚部表达式,

$$k = \alpha - i\beta \tag{2 – 16}$$

其中,α 为吸收系数,β 为相位系数,

$$\alpha = \sqrt{\frac{\omega^2 \mu \varepsilon}{2} \left(\sqrt{1 + \frac{\sigma^2}{\omega^2 \varepsilon^2}} + 1 \right)} \tag{2 – 17}$$

$$\beta = \sqrt{\frac{\omega^2 \mu \varepsilon}{2} \left(\sqrt{1 + \frac{\sigma^2}{\omega^2 \varepsilon^2}} - 1 \right)} \tag{2 – 18}$$

在准静态条件近似下,式(2 – 17)、式(2 – 18)可简化为 $\alpha = \beta = \sqrt{\omega \mu \sigma / 2}$,根据趋肤深度的定义,准静态条件下的趋肤深度为:

$$\delta^{MT} = \sqrt{\frac{2}{\omega \mu \sigma}} \approx 503 \sqrt{\frac{\rho}{f}} \tag{2 – 19}$$

而对于 RMT 而言,当考虑位移电流时,趋肤深度为:

$$\delta^{RMT} = \frac{1}{\beta} > \delta^{MT} \tag{2 – 20}$$

综上所述,表 2 – 2 汇总了 MT 和 RMT 在实际勘探及数值模拟中的一些重要区别。

表 2 – 2　MT 和 RMT 的不同点

	MT(准静态假设)	RMT(考虑位移电流)
勘探频率/Hz	$10^{-4} \sim n \times 10^2$	$10^4 \sim 3 \times 10^5$
趋肤深度/m	$\delta^{MT} = \sqrt{\dfrac{2}{\omega \mu \sigma}}$	$\delta^{RMT} > \delta^{MT}$
波数 k	$k^2 = -i\omega \mu \sigma$	$k^2 = \omega^2 \mu \varepsilon - i\omega \mu \sigma$
网格离散是否考虑空气层	仅 TE 模式考虑空气层	TE/TM 模式均需考虑空气层
响应与地下介质物性关系	仅与电阻率有关	与电阻率和介电常数均有关系

2.3 含空气层的二维 RMT 边值问题

假设 x 方向为构造走向方向(见图 2-1),z 方向垂直向下,电磁场分量只沿 y、z 方向有变化,因此二维构造下,电磁场方程可写为(取时间因子 $e^{i\omega t}$):

$$\frac{\partial \boldsymbol{H}_z}{\partial y} - \frac{\partial \boldsymbol{H}_y}{\partial z} = (\sigma + i\omega\varepsilon)\boldsymbol{E}_x, \qquad (2-21)$$

$$\frac{\partial \boldsymbol{E}_x}{\partial z} = i\omega\varepsilon\mu_0 \boldsymbol{H}_y \qquad (2-22)$$

$$\frac{\partial \boldsymbol{E}_x}{\partial y} = i\omega\varepsilon\mu_0 \boldsymbol{H}_z \qquad (2-23)$$

$$\frac{\partial \boldsymbol{H}_x}{\partial z} = (\sigma + i\omega\varepsilon)\boldsymbol{E}_y, \qquad (2-24)$$

$$\frac{\partial \boldsymbol{H}_x}{\partial y} = -(\sigma + i\omega\varepsilon)\boldsymbol{E}_z, \qquad (2-25)$$

$$\frac{\partial \boldsymbol{E}_z}{\partial y} - \frac{\partial \boldsymbol{E}_y}{\partial z} = -i\omega\mu_0 \boldsymbol{H}_x, \qquad (2-26)$$

其中 ω 为角频率,σ 为电导率,ε 为介电常数,μ_0 为磁导率。式(2-21)~式(2-23)定义了 TE 模式,式(2-24)~式(2-26)定义了 TM 模式。

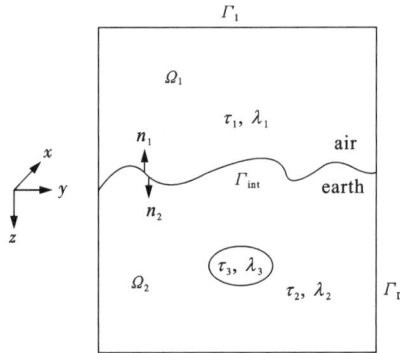

图 2-1 求解域

$\Omega = \Omega_1 \cup \Omega_2$,上边界 Γ_1,外边界 Γ_D 为无穷远边界,Γ_{int} 为内边界,x 为二维构造走向方向

将式(2-23)两边求 $\partial/\partial y$,式(2-22)两边求 $\partial/\partial z$,并代入式(2-21)即得 TE 模式下电场 $\boldsymbol{E}_x$ 分量满足的 Helmholtz 方程:

$$\frac{1}{i\omega\mu} \frac{\partial^2 \boldsymbol{E}_x}{\partial y^2} + \frac{1}{i\omega\mu} \frac{\partial^2 \boldsymbol{E}_x}{\partial z^2} - (\sigma + i\omega\varepsilon)\boldsymbol{E}_x = 0 \qquad (2-27)$$

同理可得 TM 模式下磁场 $\boldsymbol{H}_x$ 分量满足的 Helmholtz 方程：

$$\frac{1}{\sigma + \mathrm{i}\omega\varepsilon}\frac{\partial^2 \boldsymbol{H}_x}{\partial y^2} + \frac{1}{\sigma + \mathrm{i}\omega\varepsilon}\frac{\partial^2 \boldsymbol{H}_x}{\partial z^2} - \mathrm{i}\omega\mu\boldsymbol{H}_x = 0 \qquad (2-28)$$

式(2-27)、式(2-28)可统一表示为如下所示的偏微分方程：

$$\nabla\cdot(\tau\,\nabla\mu) + \lambda\mu = 0, \ \text{in}\ \Omega \qquad (2-29)$$

对于 TE 模式，式(2-29)中的各参数代表：$\tau = \dfrac{1}{\mathrm{i}\omega\mu}$，$\lambda = -(\sigma + \mathrm{i}\omega\varepsilon)$，$u = \boldsymbol{E}_x$；

对于 TM 模式，式(2-29)中的各参数代表：$\tau = \dfrac{1}{\sigma + \mathrm{i}\omega\varepsilon}$，$\lambda = -\mathrm{i}\omega\mu$，$u = \boldsymbol{H}_x$。

在低频情况下，由式(2-24)、式(2-25)可知，磁场在空气中几乎不变化，因此对于 MT 问题，TM 模式一般不考虑空气。对于 RMT 来说，由于空气中存在位移电流，因此由式(2-24)、式(2-25)可知，磁场在空气中存在变化，因此 RMT 问题的 TE 和 TM 模式，均要考虑空气层。

本书中的计算区域如图 2-1 所示，外边界($\varGamma_{\mathrm{D}}$)上电位通过层状介质解析解给出，上边界($\varGamma_1$)取 $u=1$，内边界($\varGamma_{\mathrm{int}}$)根据场切向分量连续条件给出。综上所述，边值问题中的边界条件如下：

$$u = r(x,z) \quad \text{on} \quad \varGamma_{\mathrm{D}} \qquad (2-30)$$

$$n_1\cdot\tau_1\nabla u_1 + n_2\cdot\tau_2\nabla u_2 = 0 \quad \text{on} \quad \varGamma_{\mathrm{int}} \qquad (2-31)$$

2.4 有限单元法

2.4.1 有限元方程组的构建及求解

为实现式(2-29)~式(2-31)的有限元求解，我们首先对求解域 Ω 进行网格离散，离散时采用非结构的三角形网格(Shewchuk，1996)，以保证灵活模拟复杂地质构造及地形。本书采用节点型有限元，通过求解有限元方程得到各个节点上的场值 U，然后根据单元形函数进行线性插值得到 Ω 域中任意一点的场值 u，

$$u = \sum_{i=1}^{3} N_i U_i \qquad (2-32)$$

其中，N_i 为三角单元形函数，其表达式为：

$$N_i = \frac{1}{2\Delta}(a_i x + b_i y + c_i) \quad i = 1,2,3 \qquad (2-33)$$

其中，

$$a_1 = y_2 - y_3,\ b_1 = x_3 - x_2,\ c_1 = x_2 y_3 - x_3 y_2$$
$$a_2 = y_3 - y_1,\ b_2 = x_1 - x_3,\ c_2 = x_3 y_1 - x_1 y_3$$
$$a_3 = y_1 - y_2,\ b_3 = x_2 - x_1,\ c_3 = x_1 y_2 - x_2 y_1 \qquad (2-34)$$

$$\Delta = \frac{1}{2}(a_1 b_2 - a_2 b_1)$$

根据伽辽金余量法，定义式(2-29)残差 r 为：

$$r = \nabla \cdot (\tau \nabla u) + \lambda u \qquad (2-35)$$

将残差 r 与测试函数 w 相乘并在 Ω 域内求积分得：

$$\int_\Omega w \cdot r \mathrm{d}\Omega = 0 \qquad (2-36)$$

将式(2-35)代入式(2-36)，并根据格林公式，得：

$$\int_\Omega \tau \nabla u \cdot \nabla w + \lambda mw \mathrm{d}\Omega - \int_\Gamma n \cdot (\tau \nabla u) w \mathrm{d}\Gamma = 0 \qquad (2-37)$$

取外边界条件为一维层状解析解，那么令外边界上 $w \equiv 0$，同时根据式(2-31)的内边界条件，式(2-37)中的边界积分项可忽略。再取测试函数 w 为形状函数 N_j, $j = 1, 2, 3$，并将式(2-32)带入，便可得到式(2-37)的离散形式：

$$\sum_{e=1}^{N_e} \left\{ \sum_{i=1}^{3} \sum_{j=1}^{3} \left(\int_{\Omega_e} \tau \nabla N_i \nabla N_j \mathrm{d}\Omega + \int_{\Omega_e} \lambda N_i N_j \mathrm{d}\Omega \right) U_i^e \right\} = 0 \qquad (2-38)$$

上式可简写为如下矩阵形式：

$$AU = 0 \qquad (2-39)$$

边界条件采用一维层状解析解，并加载即可得到有限元线性方程组。

式(2-39)的刚度矩阵 A 为稀疏对称复数矩阵，本书通过三个一维数组仅存储矩阵的非零元素，从而节省计算内存。采用 Intel Math Kernel Library 中的直接求解器 PARDISO(Schenk et al., 2004)来求解线性方程组。

分别求出 TE 及 TM 模式的电场 E_x 和磁场 H_x 后，本书采用四点差分求得相应的磁场 H_y 和电场 E_y。最后，阻抗、视电阻率和相位通过如下计算公式获得：

$$Z_{xy} = \frac{E_x}{H_y}, \quad Z_{yx} = \frac{E_y}{H_x} \qquad (2-40)$$

$$\rho_{ij} = \frac{1}{\omega \mu_0} |Z_{ij}|^2 \qquad (2-41)$$

$$\varphi_{ij} = \arctan \left[\mathrm{Im}(Z_{ij}) / \mathrm{Re}(Z_{ij}) \right], \quad ij = xy, yx \qquad (2-42)$$

2.4.2 单元离散及局部加密

网格剖分可分为两种类型，即结构化网格与非结构化网格。结构化的网格在区域加密时会导致不必要的外部节点增加，从而增加额外的计算量，且结构化网格在对复杂地形及地下构造模拟时应用不够灵活(Li et al., 2002；Mitsuhata et al., 2004)。因而，非结构化网格以其灵活性近些年被广泛应用于地球物理数值模拟领域(Franke et al., 2007；Ren et al., 2010)。

本书中，对求解域 Ω 进行网格离散时采用非结构的三角形网格(Shewchuk,

1996），以保证灵活模拟复杂地质构造及地形。在离散过程中，通过设定每个三角形单元的最小角不低于 30°来保证单元质量，同时通过给定局部区域单元片面积最大值来实现网格的局部加密。本书中进行网格剖分时，首先根据最低频率确定最大趋肤深度 δ_{max}，剖分区域边界距离不低于 $10\delta_{max}$；在电阻率突变界面附近控制单元大小进行局部加密；与 MT 不同，RMT 计算 TM 模式的磁场时，空气中的磁场不能看作常数，因此 TM 模式也需要考虑空气层，而空气中的网格剖分也要仔细考虑。在高频情况下，电磁场在空气中以电磁波的形式向外传播，空气中电磁波的传播速度为光速 $c = 3 \times 10^8$ m/s，根据 $c = \lambda \cdot f$，其中 λ 为波长，f 为频率，据此可计算出不同频率下的波长，本书中网格剖分时最短波长内保证有 20 ~ 30 个节点。

2.5　正演算法流程图

综上，图 2 - 2 给出了本书采用非结构有限元模拟二维 RMT 问题的流程。其中输入模型采用目前国际通用的 ∗.poly 文件格式，该文件具体格式请参考附录 B。网格采用非结构的三角形网格，以便灵活模拟复杂地形，同时通过 ∗.poly 文件中单元片面积控制局部网格单元的尺寸，使得关心区域上的网格加密，从而提高计算精度。整个计算流程如图 2 - 2 所示。

2.6　数值算例

为了验证程序的正确性，本节首先进行了 MT 算例对比，通过均匀半空间和 COMMEMI（Zhdanov et al.，1997）2D - 2 模型测试平地形算例的计算精度，然后引用 Wannamaker

图 2 - 2　非结构有限元正演算法流程图

（1986）文中的地垒模型，并对比不同频点下的计算结果；其后进行 RMT 算例对比，在考虑位移电流的情况下，计算均匀半空间中赋存矩形异常体模型，将本程序计算结果与 Kalscheuer et al.（2008）的结果进行对比，并以 dike 模型为例研究了空气层厚度对数值解的影响；接着以余弦型山脊为例重点讨论了位移电流的影

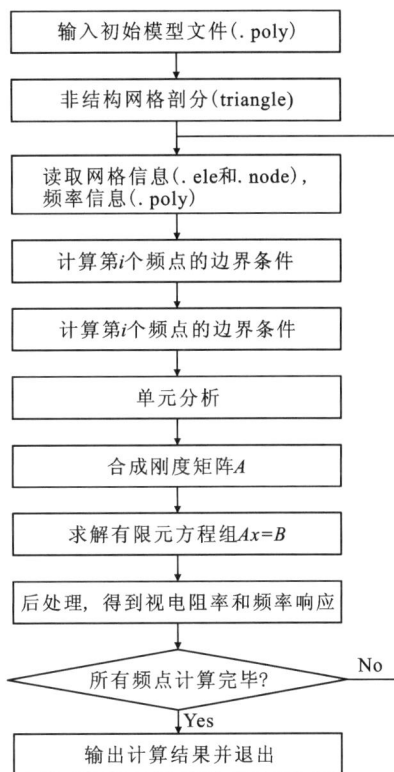

响随地形的变化规律；最后进行实际模型的讨论。本书中的所有算例均采用非结构有限元程序计算，计算平台为 Ubuntu 14.04 LTS。

2.6.1 MT 算例对比

2.6.1.1 均匀半空间

以电阻率为 100 Ω·m 的均匀半空间模型验证程序精度。经非结构的三角形网格剖分后，总节点数为 2586，单元数为 4895，61 个频点的计算总耗时为 3.128s。图 2-3 为 TM 模式的视电阻率及其误差、相位及其误差，视电阻率最大误差为 1.3%，而相位在频率小于 10 kHz 处的最大误差为 0.4，当频率大于 10 kHz 后，误差逐步增大，这是相位曲线在高频下受位移电流影响而下掉所致。

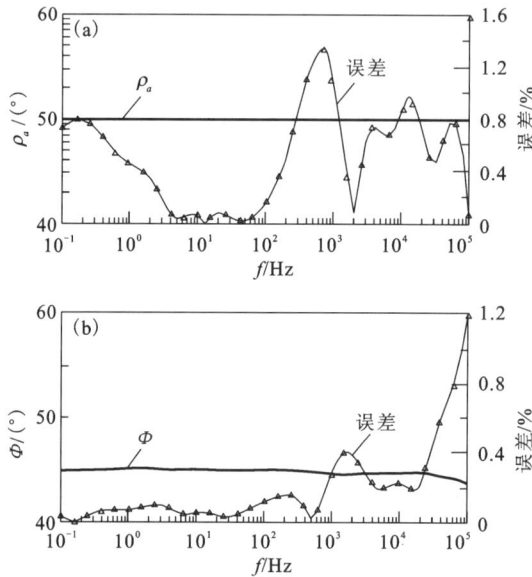

图 2-3 电阻率为 100 Ω·m 的均匀半空间模型下计算的 TM 模式视电阻率、相位(黑色实线)以及视电阻率和相位误差(三角形符号)

频率范围从 0.1 Hz 到 100 kHz.

(a)视电阻率及视电阻率相对误差；(b)相位及相位误差

2.6.1.2 COMMEMI 2D-2

图 2-4 为 COMMEMI 2D-2 模型及网格剖分示意图，模型中两个层状介质电阻率分别为 100 Ω·m 和 10 Ω·m，第一层中有两个低阻异常体，电阻率均为 0.1 Ω·m。从网格剖分示意图中可看到，网格在测点处、层状分界面处以及两个低阻异常体处均进行了局部加密，剖分后的总节点数为 7565，总单元数为 13756，单频点计算耗时 0.5 s。

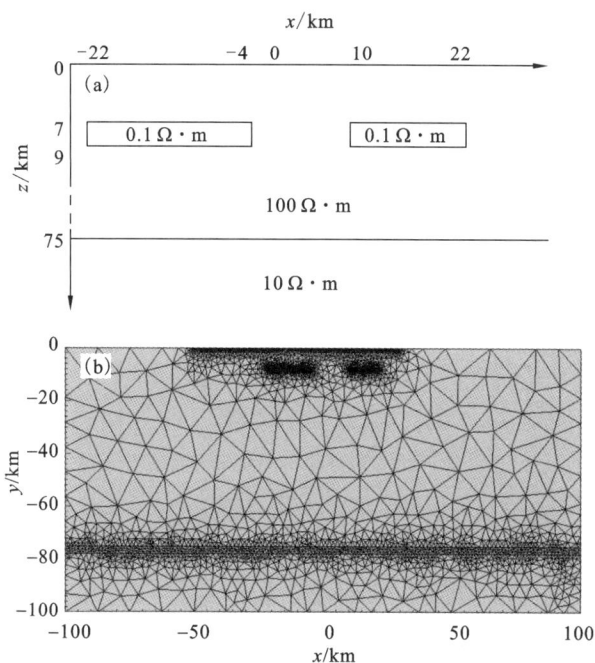

图 2 - 4　COMMEMI 2D - 2 模型及非结构网格剖分示意图

$f = 0.1$ Hz, TM 模式

(a) COMMEMI 2D - 2 模型；(b) 网格剖分示意图

　　图 2 - 5 为频率分别为 0.1 Hz 和 0.001 Hz 时计算的 TE/TM 模式视电阻率曲线，黑色实线为本书有限元程序计算结果，黑色方块为 COMMEMI project 的计算结果，其中频率为 0.1 Hz 的结果来自于 Varadanyanz 的有限差分程序，频率为 0.001 Hz 的结果来自于 Tarlowskii 的有限差分程序。灰色方块代表二者的相对误差，从图中可看出两种结果的最大误差保证在 2% 以内。在该计算中，TE 模式考虑空气层，而 TM 模式采用图 2 - 4(b) 所示的网格。

2.6.1.3　地垒模型

　　继平地形比较后，本节验证了带地形模型的计算结果。该模型引自 Wannamaker et al. (1986)，如图 2 - 6 所示，地下电阻率为 100 Ω·m，计算频率为 2 Hz、50 Hz、2000 Hz。该模型经非结构网格剖分后，TM 模式 (不考虑空气层) 的总节点数为 6004，单元数为 11249，三个频点的总计算耗时为 0.77s；TE 模式 (考虑空气层) 的总节点数为 6333，单元数为 12602，计算三个频点的总耗时为 0.95s。图 2 - 7 给出了本书 FEM 程序计算的视电阻率与 Wannamaker 的有限元计算结果对比，其中线条为本书中不考虑位移电流程序的计算结果，符号为 Wannamaker 的计算结果，从图中可看出二者能够很好地吻合。

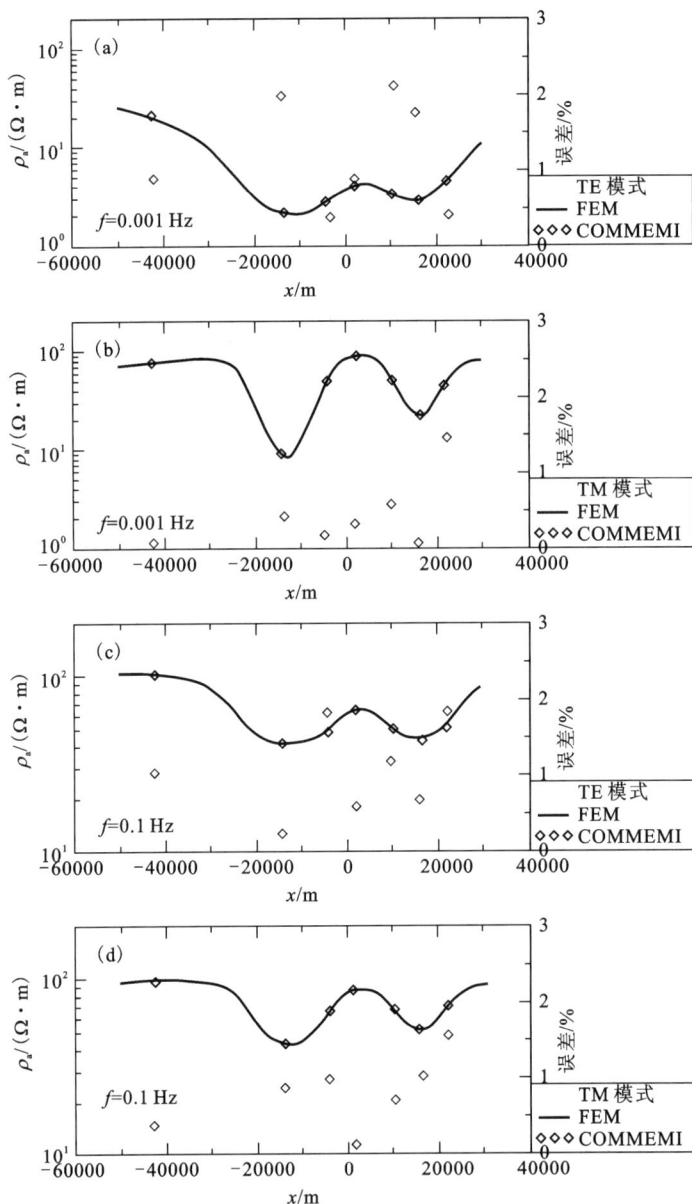

图 2-5 COMMEMI 2D-2 模型的视电阻率结果对比

（a）TE 模式视电阻率曲线，$f=0.001$ Hz；（b）TM 模式视电阻率曲线，$f=0.001$ Hz；

（c）TE 模式视电阻率曲线，$f=0.1$ Hz；（d）TM 模式视电阻率曲线，$f=0.1$ Hz

黑色实线为本书非结构有限元计算结果，黑色方块为 COMMEMI project（Zhdanov，1997）

对该模型的计算结果，灰色方块为二者计算结果的相对误差

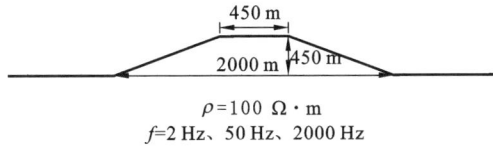

图 2-6　电阻率为 100Ω·m 的地垒模型，计算频率为 2 Hz、50 Hz、2000 Hz

（据 Wannamaker et al.，1986）

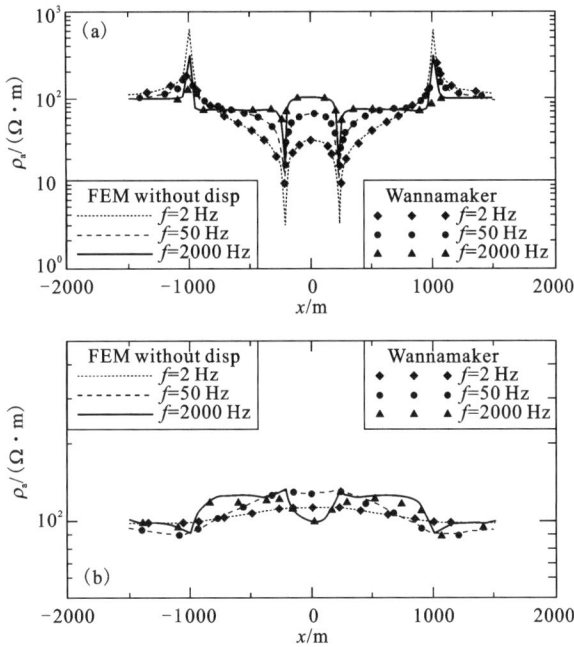

图 2-7　本书 FEM 程序计算结果与 Wannamaker 计算结果对比

2.6.2　RMT 算例对比

本节对 RMT 程序进行测试，由于在超高频且高阻地质体背景下位移电流与传导电流相当，对于 TM 模式，磁场在空气中的衰减不可忽略，因此在 RMT 模拟中 TE、TM 模式均考虑了空气层。本节首先通过与 Kalscheuer et al.（2008）文中的计算结果进行对比，验证程序正确性；然后重点讨论了起伏地形下，位移电流的影响规律；最后通过舒家店的实际地质模型说明是否考虑位移电流对计算结果的影响。

2.6.2.1 均匀半空间中一矩形异常体

为验证本书 RMT 程序的正确性,对图 2-8 所示的模型进行了计算,并将计算结果与 Kalscheuer 的结果进行了对比。图 2-8 中,矩形异常体的电阻率 ρ_1 为 1000 $\Omega \cdot m$,背景电阻率 ρ_2 为 10000 $\Omega \cdot m$,相对介电常数 ε_r 为 5。该模型的三个计算频点分别为 10 kHz、100 kHz、250 kHz,计算中均考虑位移电流。经非结构网格剖分后,总节点数为 19693,单元数为 39122,三个频点的 TE/TM 模式计算总耗时为 6.68 s。

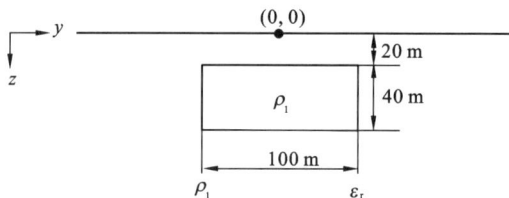

图 2-8 均匀半空间中赋存一矩形异常体

半空间电阻率为 10000 $\Omega \cdot m$,相对介电常数为 5,矩形电阻率为 1000 $\Omega \cdot m$

图 2-9 为计算得到的视电阻率及相位曲线,其中线条为本书有限元计算结果,符号为 Kalscheuer 的有限差分计算结果,二者均考虑位移电流。从图中可看出本书计算结果与 Kalscheuer 的结果能够很好地吻合,表明本程序正确。

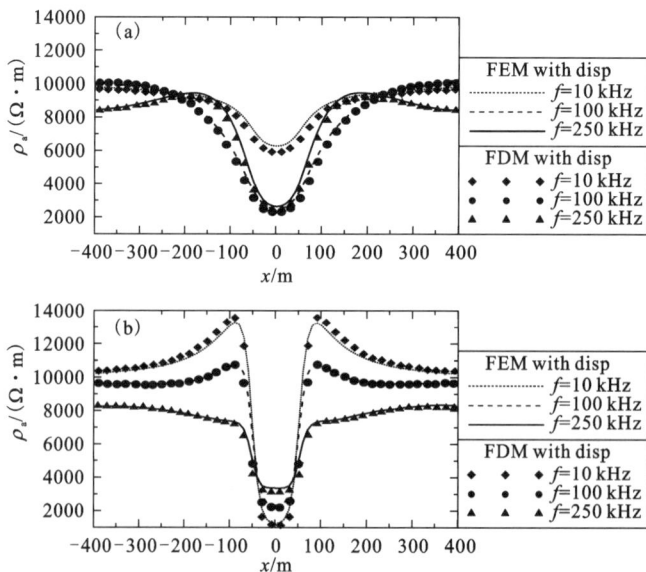

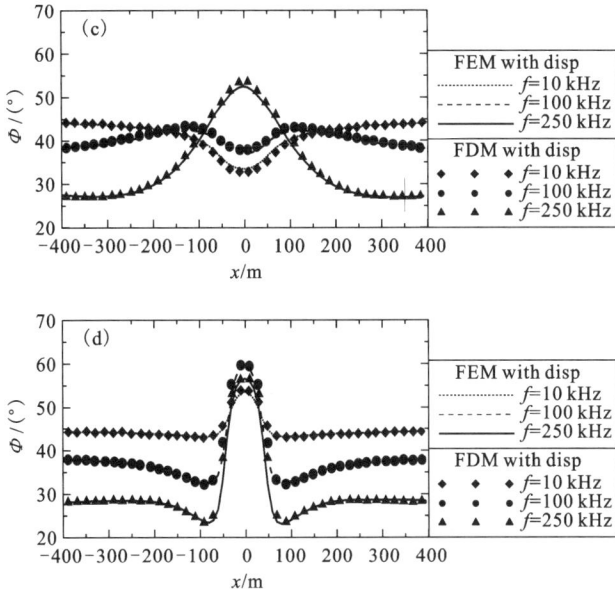

图 2-9　考虑位移电流的 RMT 算例，线条为本书程序计算结果，符号为 Kalscheuer 计算结果
（a）TE 模式视电阻率曲线；（b）TM 模式视电阻率曲线；（c）TE 模式相位曲线；（d）TM 模式相位曲线
频率分别为 10 kHz、100 kHz、250 kHz

2.6.2.2　空气层厚度对 TM 模式响应的影响

在 RMT 有限元模拟中，由于位移电流的存在，即使在 TM 模式也不可忽略空气层，为此，本节讨论空气层厚度对数值解的影响。图 2-10 为 Dike 模型示意图，背景电阻率 $\rho_2 = 10000\ \Omega \cdot m$，相对介电常数为 5，中间断层电阻率 $\rho_1 = 1000\ \Omega \cdot m$。

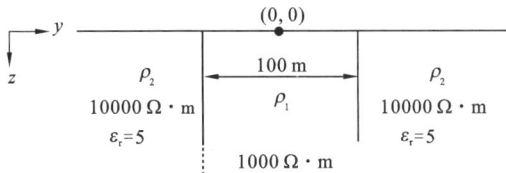

图 2-10　Dike 模型示意图

表 2-3 为不同空气层厚度下网格剖分后的单元节点信息、计算误差及计算耗时。计算频率为 250 kHz，空气层厚度为 $0.01\lambda \sim 10\lambda$，其中 λ 为波长，根据 $c = \lambda \cdot f$ 计算而来，c 为光速，因此 $\lambda = 1200\ m$。从表 1 中可看出，当空气层厚度大于 0.2λ 时，TE/TM 模式视电阻率及相位的最大误差均在 1% 以内；当空气层厚

度小于 0.2λ 时，TE/TM 模式视电阻率及相位的最大相对误差均随空气层厚度的减小而增大。因此，在数值计算中，保证空气层厚度大于 0.2λ 即可满足精度要求。

表 2 - 3　对不同空气层厚度剖分后的网格信息、计算误差及计算量

空气层厚/m	节点数	单元数	误差/%				计算时间/s
			ρ_{TE}	ρ_{TM}	Φ_{TE}	Φ_{TM}	
0.01λ	72578	14384	10.34	4.54	8.40	2.13	41.49
0.05λ	700064	13958	2.72	2.23	3.40	1.85	39.07
0.1λ	71038	14155	1.66	1.65	2.08	1.50	40.32
0.2λ	71581	142725	0.84	0.73	0.89	0.92	41.29
0.25λ	71753	143076	0.77	0.66	0.82	0.49	41.48
0.5λ	72528	144616	0.60	0.60	0.52	0.59	42.23
λ	74126	147796	0.63	0.59	0.79	0.61	44.31
5λ	79710	158876	0.36	0.47	0.25	0.58	51.27
10λ	91967	182725	—	—	—	—	66.02

图 2 - 11、图 2 - 12 所示为不同空气层厚度下计算的所有测点的 TE/TM 模式视电阻率、相位及误差。图中展示的是几个典型空气层厚度的结果。所有的误差计算均与 10λ 的结果进行对比，无论 TE 模式还是 TM 模式，当空气层厚度大于 0.2λ 时，TE/TM 模式的视电阻率及相位所有测点的误差均在 1% 以内，而当空气层厚度为 0.1λ 时，TE 模式视电阻率最大误差为 1.66%，相位最大误差为 2.08%；TM 模式视电阻率最大误差为 1.65%，相位最大误差为 1.50%。对比 TE 模式所有测点的误差曲线可发现，除了局部个别测点外，几乎所有测点的误差均随着空气层厚度的减小而增大，而 TM 模式的误差曲线对这一规律的反映则不够明显，这是因为 TM 模式受横向异常体影响较大所致。

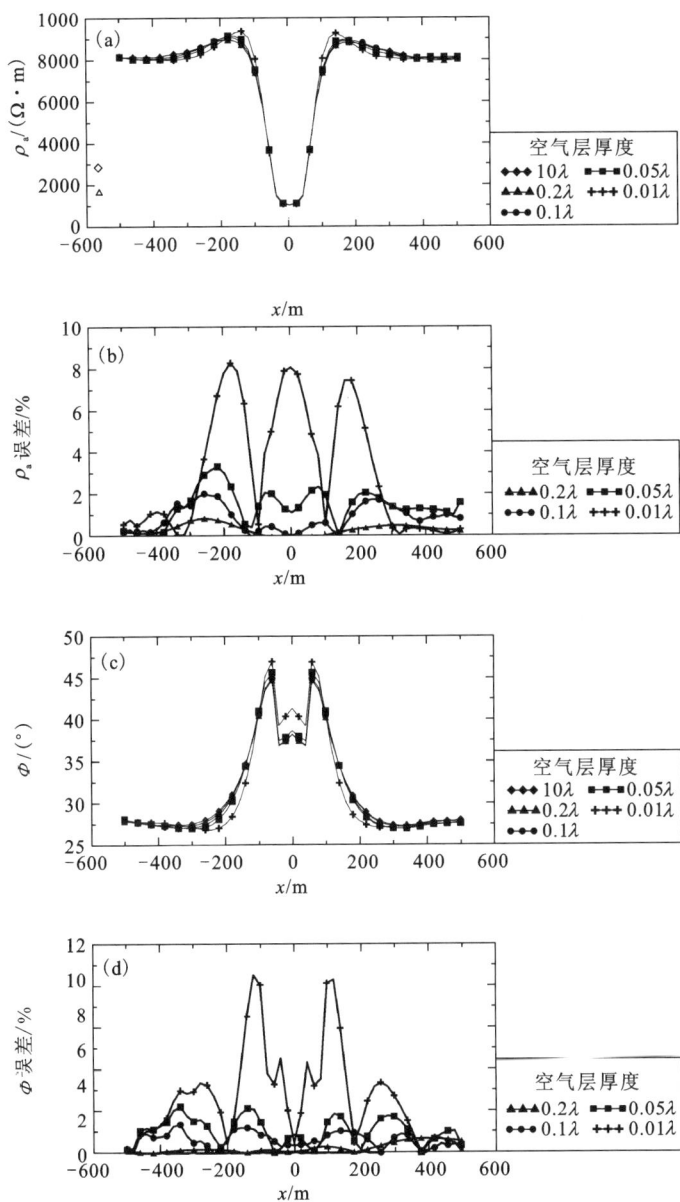

图 2－11　不同空气层厚度下得到的 TE 模式视电阻率、相位及误差

（a）TE 模式视电阻率；（b）TE 模式视电阻率误差；（c）TE 模式相位；（d）TE 模式相位误差

计算频率 f = 250 kHz，空气层厚度分别取 10λ、1λ、0.25λ、0.1λ；计算误差均与 10λ 的结果进行对比

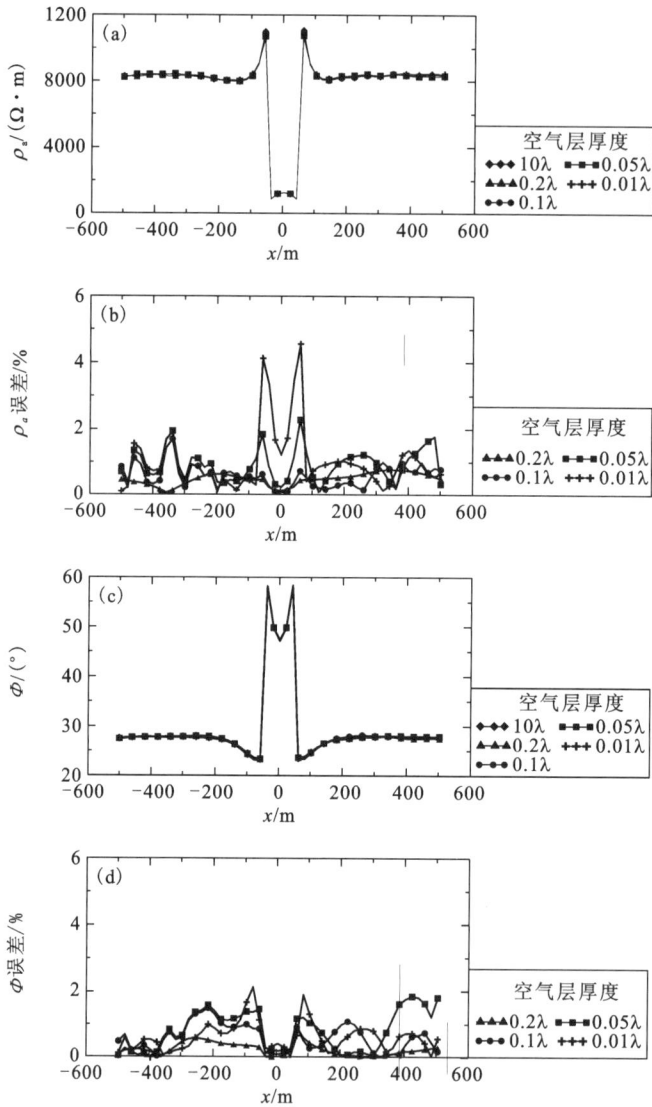

图 2-12 不同空气层厚度下得到的 TM 模式视电阻率、相位及误差

(a)TM 模式视电阻率;(b)TM 模式视电阻率误差;(c)TM 模式相位;(d)TM 模式相位误差

2.6.2.3 起伏地形下位移电流对电磁场的影响

本节采用图 2-13 所示的模型(Wannamaker et al., 1986)讨论不同高程下位移电流对正演响应的影响。图 2-13 中共给出了 3 个测试模型,余弦型山脊的高程分别为 100 m、300m、600 m,电阻率均为 10000 Ω·m,相对介电常数为 5,计算的三个频率分别为 10 kHz、100 kHz、250 kHz。

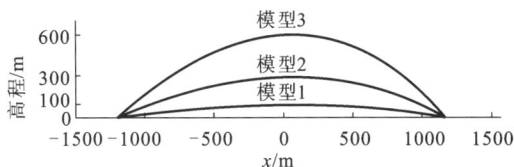

图 2 - 13　余弦型山脊模型示意图

三个模型的山脊高程分别为 100 m、300 m、600 m。电阻率均为 10000 Ω·m，相对介电常数为 5

　　为保证结论可靠，本节三个模型均采用较密的网格剖分，以降低计算误差。网格剖分参数和计算耗时如表 2 - 4 所示。

表 2 - 4　起伏地形模型网格剖分参数表

模型	节点数	单元数	计算时间/s
模型 1	44116	87967	22.9
模型 2	43433	86607	22.4
模型 3	59222	118183	37.2

　　图 2 - 14 为考虑位移电流和不考虑位移电流情况下计算的视电阻率及相位曲线，其中图 2 - 14(a) ~ 图 2 - 14(f) 为三个模型的 TE/TM 模式视电阻率曲线，图 2 - 14(g) ~ 图 2 - 14(l) 为相位曲线，线条为考虑位移电流的计算结果，符号为准静态下的计算结果。从不同频点的结果对比来看，10 kHz 下考虑位移电流和不考虑位移电流的曲线基本重合，说明位移电流在 10 kHz 频段处影响不大，而计算频率为 100 kHz、250 kHz 时，考虑位移电流的视电阻率曲线和相位曲线均出现下掉现象，其中相位曲线更为严重，表明频率大于 100 kHz 后，位移电流对视电阻率的影响必须考虑，而对相位曲线的影响在频率大于 20 kHz 后就必须考虑。

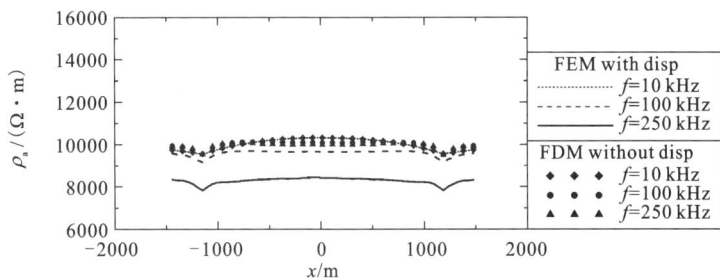

(a) 模型 1，TE 模式视电阻率曲线

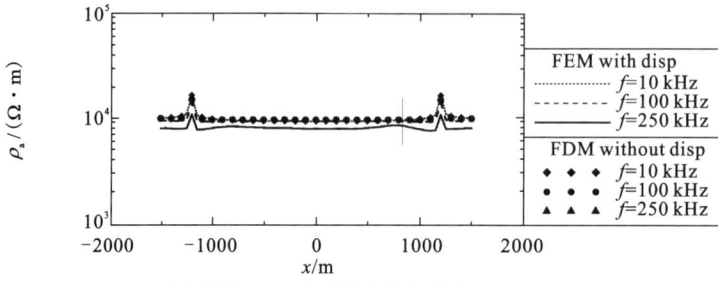

(b)模型1，TM模式视电阻率曲线

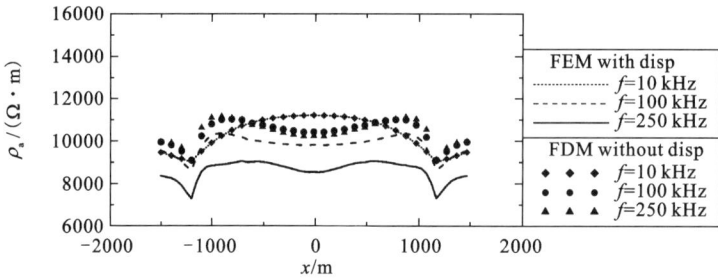

(c)模型2，TE模式视电阻率曲线

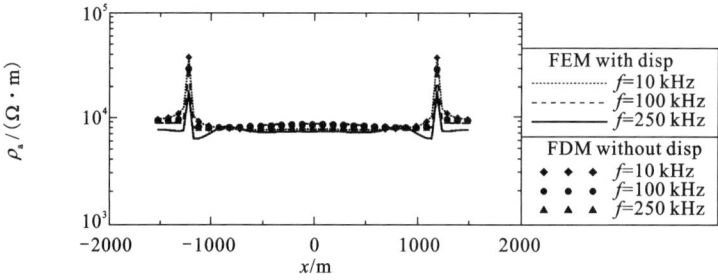

(d)模型2，TM模式视电阻率曲线

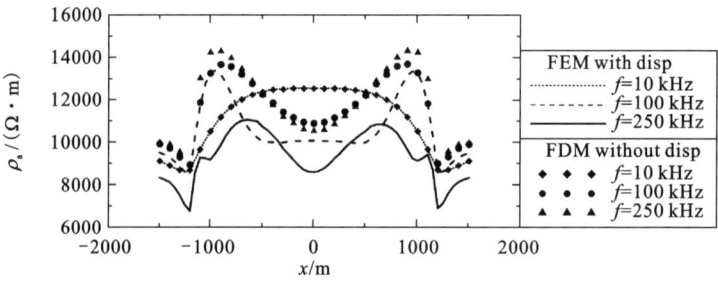

(e)模型3，TE模式视电阻率曲线

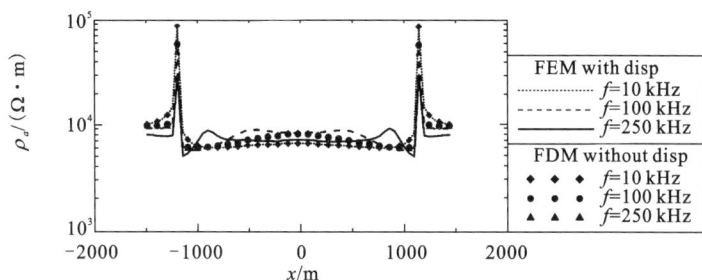

（f）模型3，TM模式视电阻率曲线

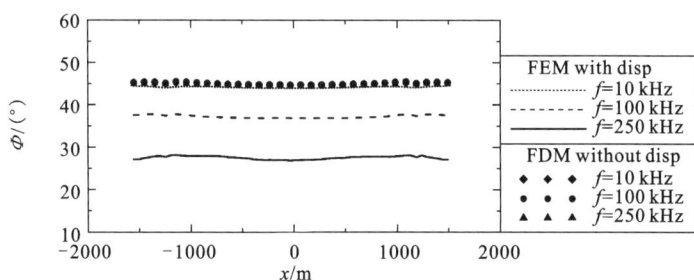

（g）模型1，TE模式相位曲线

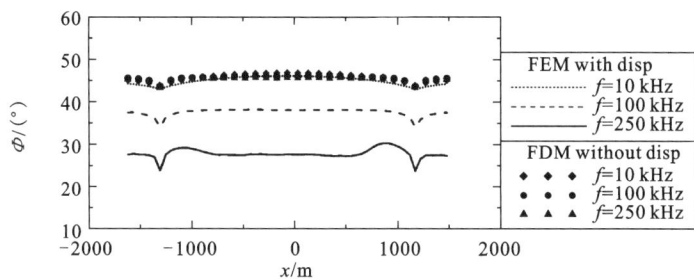

（h）模型1，TM模式相位曲线

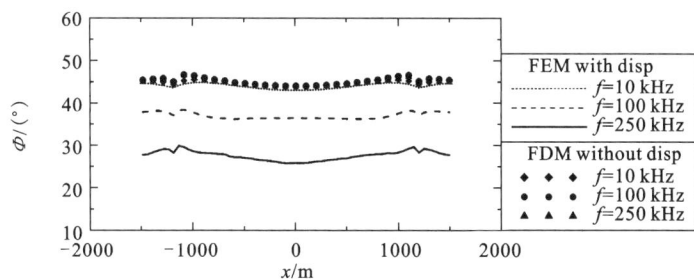

（i）模型2，TE模式相位曲线

(j)模型2，TM模式相位曲线

(k)模型3，TE模式相位曲线

(l)模型3，TM模式相位曲线

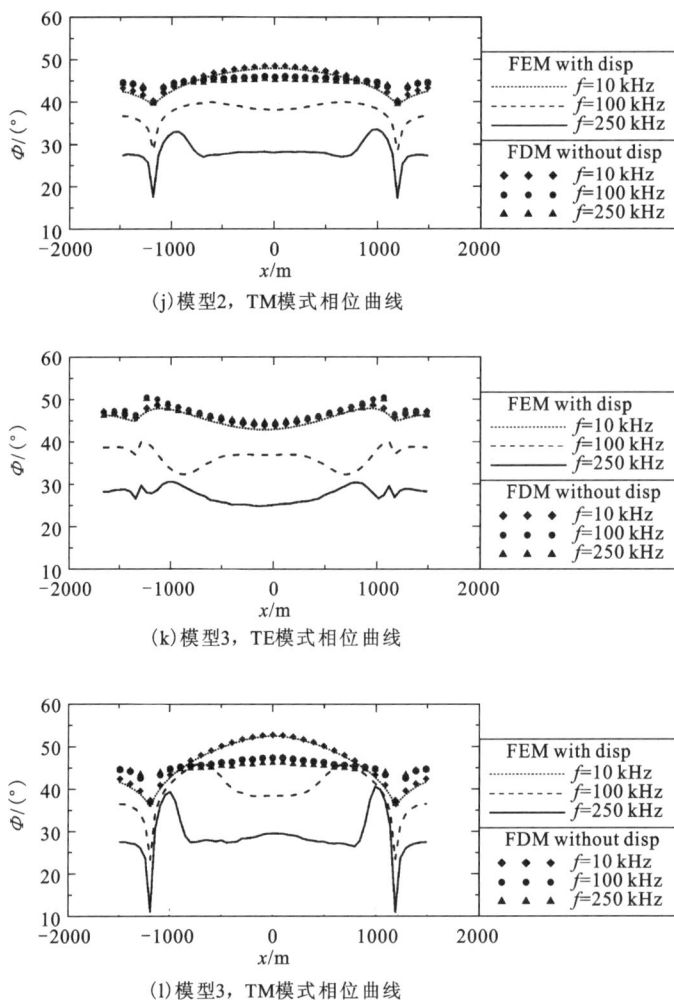

图2-14 山脊模型下计算得到的 TE/TM 模式的视电阻率及相位曲线

各图中线条为考虑位移电流的计算结果，符号为准静态条件下的计算结果。

计算频率分别为 10 kHz、100 kHz、250 kHz

图 2-15 是频率为 250 kHz 下考虑位移电流和不考虑位移电流(即准静态条件下)计算得到的视电阻率及相位绝对误差，将三个模型计算结果对比，发现山脊高程越大，坡度越陡，位移电流的影响就越大。从图 2-15(a)、图 2-15(c)可看出，TE 模式的视电阻率及相位的最大误差发生在山脊两侧，而山脊顶部则出现局部极大值；而图 2-15(b)、图 2-15(d)显示 TM 模式视电阻率及相位的最大误差也发生在山脊两侧，但山脊顶部无较明显的极值。

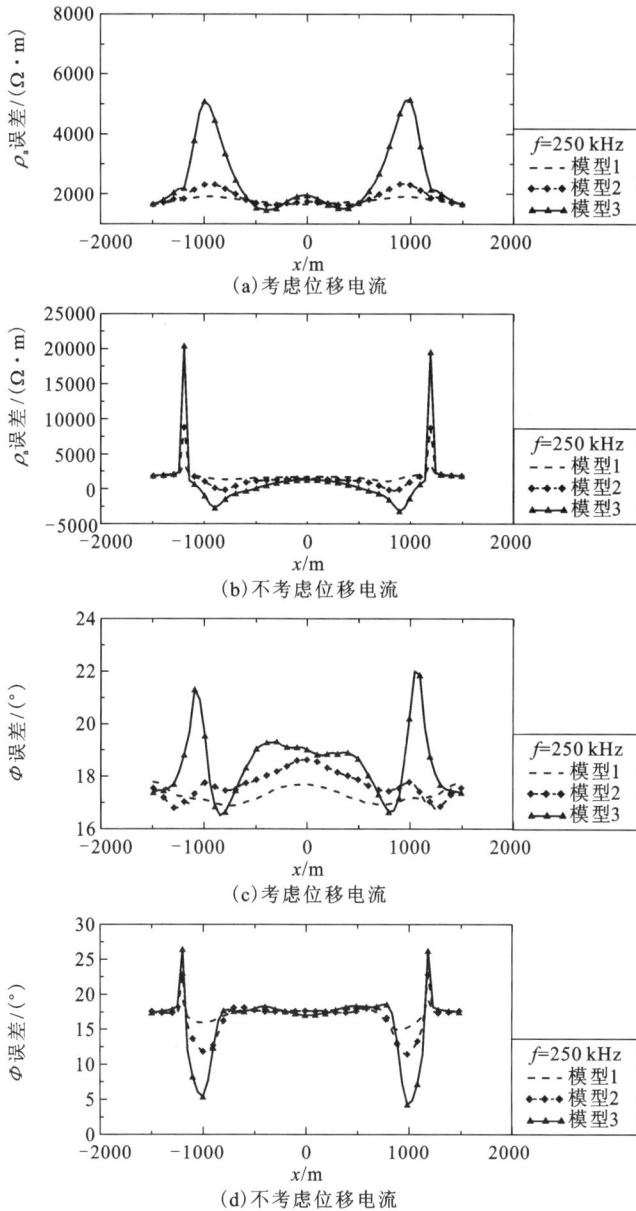

(a)考虑位移电流

(b)不考虑位移电流

(c)考虑位移电流

(d)不考虑位移电流

图 2 – 15　山脊模型下考虑和不考虑位移电流的视电阻率及相位误差对比

计算频率为 250 kHz

图 2 – 16 为考虑位移电流和准静态条件下计算的阻抗 Z_{TE}[图 2 – 16(a)、图 2 – 16(b)]和 Z_{TM}[图 2 – 16(c)、图 2 – 16(d)]。每条曲线两端及山脊顶部资料均趋向于理论值：准静态条件下，阻抗实部和虚部均为 99.35 Ω；考虑位移电流条件下，阻抗实部为 112.8 Ω，虚部为 59 Ω。考虑位移电流的阻抗实部值大于准静

态条件值，而考虑位移电流的阻抗虚部值小于准静态条件值。从图 2 - 17 的阻抗误差曲线可看出，TM 模式的三个误差极大值点分别位于山脊两侧和山顶，而极小值与 TE 模式一样，位于山脊两侧靠内偏移。

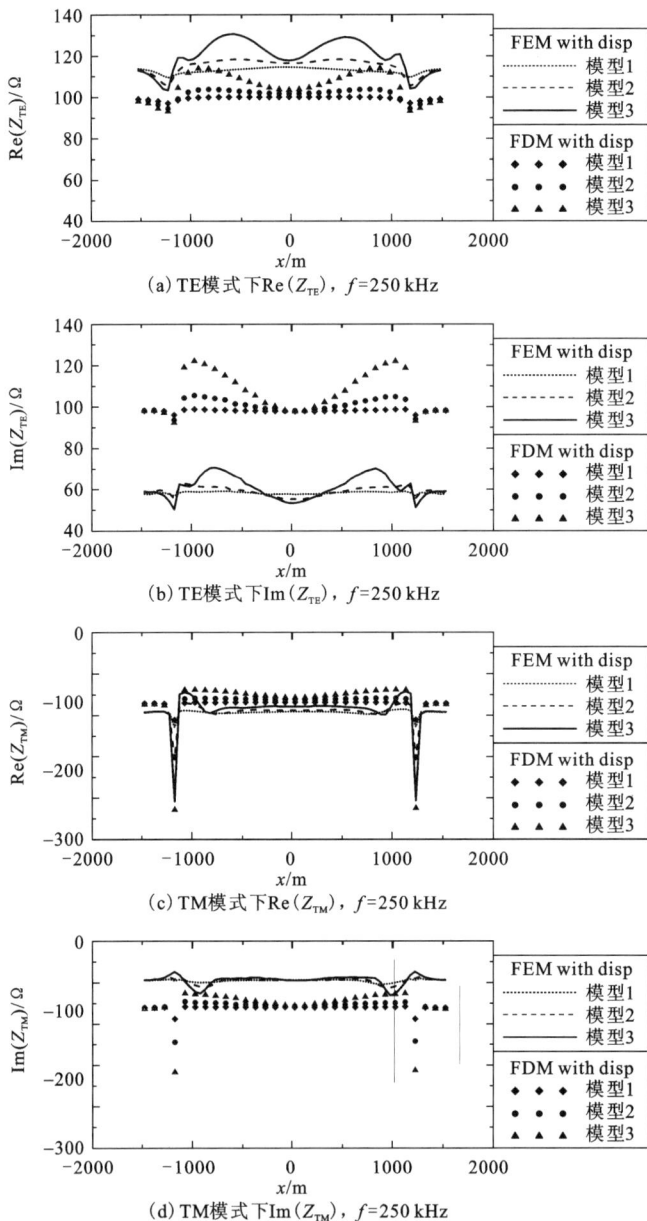

(a) TE模式下Re(Z_{TE})，f=250 kHz

(b) TE模式下Im(Z_{TE})，f=250 kHz

(c) TM模式下Re(Z_{TM})，f=250 kHz

(d) TM模式下Im(Z_{TM})，f=250 kHz

图 2 - 16 山脊模型下考虑位移电流和准静态条件下的阻抗曲线对比

其中图(a)、图(b)分别为 TE 模式阻抗的实部和虚部，图(c)、图(d)分别为 TM 模式阻抗的实部和虚部，各图中实线表示考虑位移电流的结果，符号为准静态条件下的计算结果

(a) Re(Z_{TE})误差，f=250 kHz

(b) Im(Z_{TE})误差，f=250 kHz

(c) Re(Z_{TM})误差，f=250 kHz

(d) Im(Z_{TM})误差，f=250 kHz

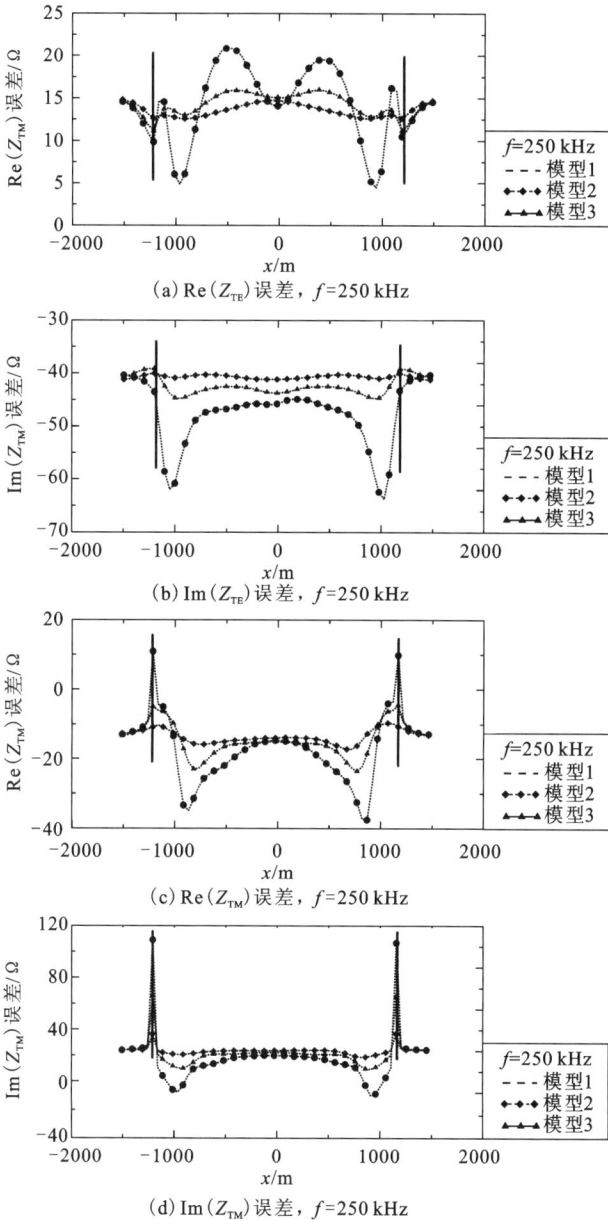

图 2－17　山脊模型下考虑位移电流和准静态条件下的 TE／TM 阻抗误差曲线

2.6.2.4　舒家店实际模型

实际模型来自安徽舒家店地区某剖面（见图 2－18），该剖面长 3.8 km，具备以下两个特点：该区域存在高阻闪长岩，确保 RMT 模拟时位移电流不可忽略；地形起伏明显，有两个山脊，便于研究地形对位移电流的影响。

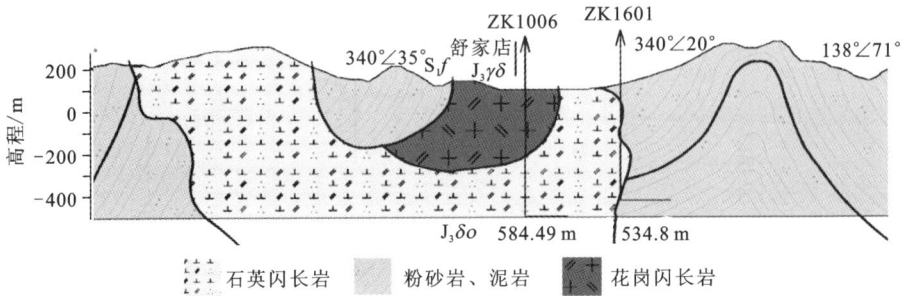

图 2 - 18　舒家店地质综合剖面图

　　基于野外露头及室内岩性测量，建立了如图 2 - 19 所示的地球物理模型。计算频率为 10 kHz ~ 250 kHz，共 12 个频点。网格剖分区域为 $x \in [-5000, 5000]$，$y \in [-5000, 5000]$，经网格剖分后的总节点数为 26055，单元数为 51801，所有频点 TE/TM 模式计算总耗时为 23.48s。

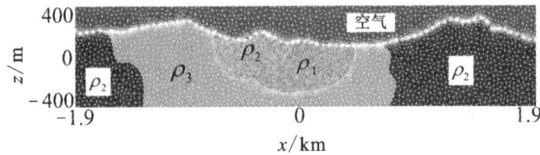

图 2 - 19　舒家店地球物理模型及网格剖分示意图
其中花岗闪长岩电阻率 ρ_1 取 1800 Ω·m，砂岩、粉砂岩电阻率 ρ_2
取 420 Ω·m，石英闪长岩电阻率 ρ_3 取 12000 Ω·m

　　图2 - 20 为 TE/TM 模式下考虑位移电流和准静态条件下的视电阻率及相位误差；附彩图 1 为对应的阻抗误差；横坐标 x 为测点，纵坐标 y 是频率以 10 为底的对数值，误差均为绝对误差。从图中可看出，误差整体随着频率的增加而增大；在 $x = -1000$ m 和 $x = 500$ m 的高阻石英闪长岩体区域，考虑位移电流的结果和准静态结果存在明显的误差，而在 $x = -1000$ m 的山脊处这种误差更大。值得一提的是，相位受位移电流影响比视电阻率更为显著，即使在 $x = 1300$ m 处，粉砂岩电阻率为 420 Ω·m 的情况下，在高频和山脊的共同作用下，也出现了明显的误差。ρ_{TE} 的最大相对误差为 14.5%，位于 $x = -950$ m 处，而在该处附近的误差也都在 10% 左右，此外，在 $x = -1600$ m、$x = 500$ m 以及 $x = 1500$ m 附近的误差也都在 5% 以上；ρ_{TM} 的最大相对误差高达 78%，这是因为 TM 模式横向分辨率高，在电阻率分界面处二者计算结果有较大误差，ρ_{TM} 也主要分布在两个山脊处和 $x = 400$ m 的分界面处。相位及阻抗的误差分布与视电阻率类似，这里不再赘述。

（a）TE模式下视电阻率误差

（b）TM模式下视电阻率误差

（c）TE模式下相位误差

（d）TM模式下相位误差

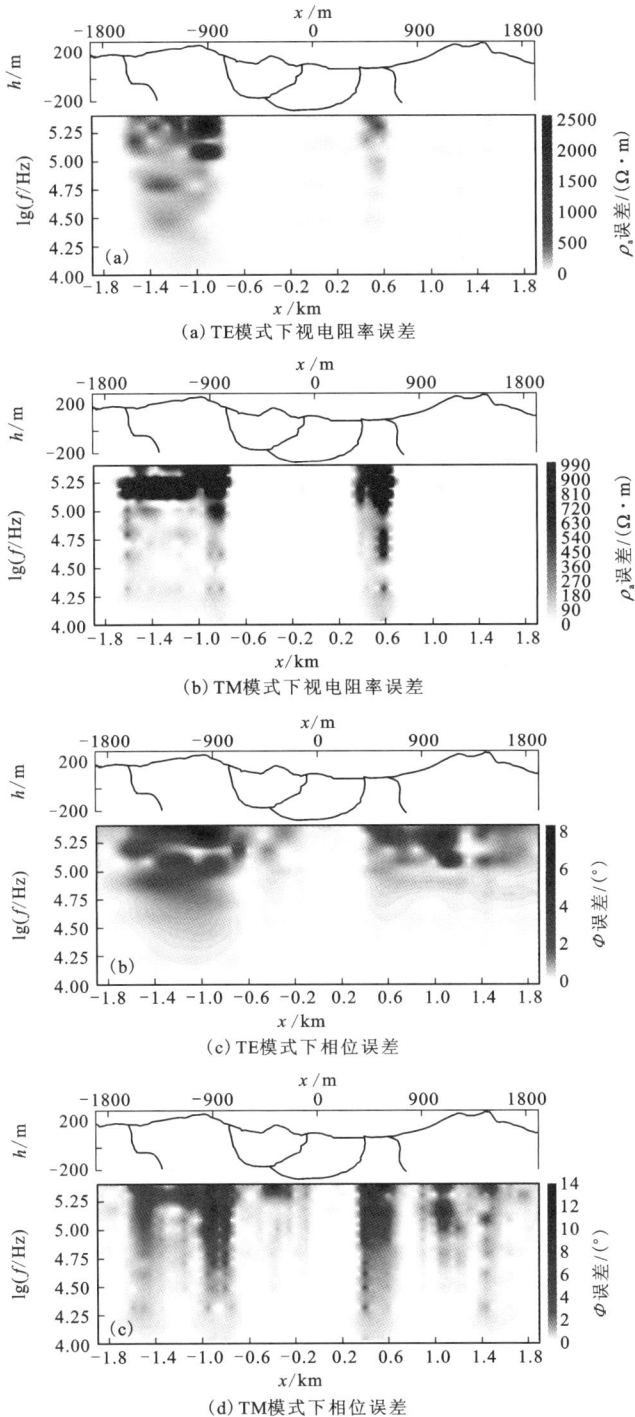

图 2 - 20　TE/TM 模式下考虑位移电流和准静态条件下的视电阻率及相位误差断面图

附彩图 2 为考虑位移电流时计算的位移电流密度和传导电流密度。计算频率为 250 kHz，其中附彩图 2(a)、附彩图 2(b)为电流密度的模。附彩图 2(c)为位移电流密度占总电流密度的百分比。从附彩图 2(c)中可看出，空气中位移电流密度占 100%，也就是说空气中仅存在位移电流，无传导电流。在地下砂岩、粉砂岩对应的低阻区，位移电流密度在总电流密度中所占比例为 1%；花岗闪长岩区域的位移电流密度占 3%左右。对于电阻率很高的石英闪长岩，位移电流密度所占比例达到 10%，因此，在 RMT 数值模拟中不可忽略位移电流，尤其是在高阻地质背景的情况下。

附彩图 3 是频率为 10 kHz、100 kHz、250 kHz 时计算的考虑位移电流及准静态条件下的电场及磁场。网格剖分区域为 $x \in [-5000, 5000]$，$y \in [-5000, 5000]$，上边界的场值为 1。当频率为 10 kHz 时，考虑位移电流和准静态条件下得到的场值相当；当频率为 100 kHz 时，空气层中二者的场值有了明显差异，考虑位移电流的结果在空气中出现了波动，这一结果验证了电磁场在高频下以电磁波的形式在空中传播，符合电磁波的物理特性。电磁波在空气中的传播速度为光速 c，根据 $c = \lambda \cdot f$ 可计算当频率为 100 kHz 时波长为 3000 m，数值模拟中空气层的厚度为 5000 m，那么在空中会出现一个波动，与附彩图 3(b)的结果相吻合(两条红线或两条蓝线之间即为一个波长)；当频率为 250 kHz 时，相应的电磁波波长为 1200 m，在空气层中应该有四个波长，附彩图 3(c)的计算结果也与理论相吻合。电磁波在空气中的传播特性也再一次说明考虑位移电流的数值模拟结果更为准确。

2.7　本章小结

大多数 RMT 的数据解释多是直接基于 MT 程序，忽略了位移电流的影响，本书编写了起伏地形下的 2D RMT 有限元程序。通过非结构的三角形单元实现了任意复杂模型的离散化，同时，程序采用局部加密策略获得了高精度的数值解。

由于位移电流的存在，空气层中磁场的偏导数不能近似为 0，因而在对 TM 模式进行有限元离散时也必须考虑空气层。通过 Dike 模型讨论了空气层厚度对数值解的影响，当空气层厚度大于 1/4 波长时即可保证 TE/TM 模式的有限元解的误差在 1%以内。

根据电流公式，位移电流随频率的升高而增大，传导电流随介质电阻率的增大而减小，因此在高频高阻情况下，位移电流在总电流中所占的比重就更大。本章结果表明，考虑位移电流情况下得到的视电阻率和相位曲线相比于准静态条件下的计算结果会出现下掉现象，且频率越高下掉越明显，这是因为位移电流的引入增大了总电流密度，而总电流密度的增大使得地下介质的电导率特性放大，从而导致视电阻率曲线下掉。数值算例表明，当背景电阻率为 10000 $\Omega \cdot m$ 时，频率大于 100 kHz 后，位移电流对视电阻率的影响不可忽略，而对相位曲线的影响在频率大于 20 kHz 后就必须考虑。在背景电阻率与频率不变的情况下，地形起伏也会影响位移电流，地形高程越大，考虑位移电流计算的视电阻率与准静态条件下得到的视电阻率差异也越大，同时，数值结果表明差异最大的地方位于山脊的两侧。

　　通过铜陵舒家店矿床的实际地质模型，分别计算了传导电流和位移电流，结果表明在高阻花岗闪长岩区域位移电流约为传导电流的 1/10，因而位移电流不可忽略。RMT 的反演目前多采用现有的 MT 程序，忽略了位移电流，这在浅地表的电阻率反演中势必带来结果的偏差，进而影响数据解释的准确度。

第 3 章 基于非结构双网格的任意复杂 2D MT/RMT 全电流反演研究

3.1 引　言

目前，基于完全非结构网格的直接带地形反演研究相对较少。Baranwal et al. (2007,2011)实现了基于非结构网格的 MT 及 VLF 数据反演。Günther et al. (2006)讨论了基于三重非结构网格的 2D 直流电阻率法反演。Rücker(2011)在此基础上实现了基于三重非结构网格的 3D 直流电阻率法反演。Key(2011)实现了基于非结构网格的海洋电磁数据反演。在 RMT 领域基于完全非结构网格的反演尚未见发表。

为了解决复杂起伏地形情况下 RMT 的数据反演解释，本书实现了基于完全非结构双网格的全电流 2D RMT 反演。首先研究了双网格生成策略及正反演网格映射，然后通过一起伏地形算例验证了反演程序的正确性，讨论了位移电流和地形对 RMT 反演结果的影响，并进一步进行了灵敏度分析。

3.2 双网格反演策略

在反演算法中，存在两种网格：正演网格和反演网格(Günther et al, 2006)。正演网格用于计算反演迭代后的地电模型的电磁响应或阻抗、视电阻率等参数，通常，为了得到地表高精度的数值解，正演网格在地表附近剖分较密；对于反演网格，由于我们关心的是地下电阻率的分布规律，因而只需较疏的网格，这样既降低了反演自由度，同时减小了反演求解过程中的不适定性。所以，在合理的反演策略中通常采用相互独立的正、反演网格，这样既保证了正演的计算精度，同时避免了由网格引起的不必要的反演计算量。

3.2.1 双网格生成策略

本书首先采用开源代码 Triangle(Shewchuk, 1996)对带地形模型进行网格离散，即生成反演粗网格。反演网格中，通过设定三角形最小角不小于 30°来保证每个单元网格质量，在反演目标区域的网格相对较密，越靠近边界网格越疏。由于在反演过程中涉及到正演计算和灵敏度的求取，每次反演迭代后得到的修正模型参数需要传递给正演单元。因此在生成正演网格时我们希望反演网格是正演网格的子集，即不破坏原来的反演网格，从而实现参数的无偏传递。生成正演网格的具体方法如下：首先根据反演网格的边信息构建模型输入文件；然后通过限定每个反演单元的最大面积建立单元面积局部加密文件；最后判断每个反演单元面积，若超过设定的最大面积则进行单元剖分，最终保证每个反演单元中所包含的子单元面积均小于设定的最大面积，从而生成局部加密的正演网格，如图 3 - 1 所示。

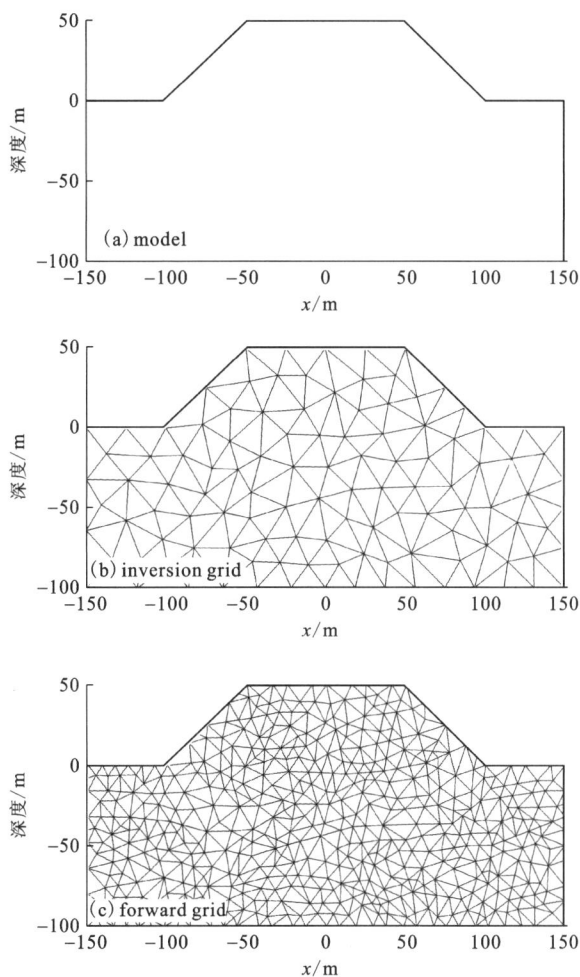

图 3 - 1 非结构双网格示意图

（a）起伏地形模型；（b）反演粗网格；（c）正演密网格

3.2.2　正反演网格映射

当反演网格上的电性参数得到修正后，需要将反演网格上的参数映射到正演网格中以进行下一次反演迭代。对于正反演网格参数映射，最简单直接的办法就是循环搜索，假设正演网格数为 M^{FWD}，反演网格数为 M^{INV}，将每一个正演网格对所有反演网格进行搜索，当第 i 个正演网格的三角形中心点与某一个反演网格的三个节点相连得到的三个角度之和为 360°时，这个正演网格就位于该反演网格内，反之则位于该反演网格之外。这种循环搜索的时间复杂度为 $O(M^{\mathrm{FWD}}M^{\mathrm{INV}})$，当模型规模较大时，遍历搜索就会比较耗时（例如 3D 情况）。对于本书而言，在作者 2.3GHz CPU、2GB RAM 的笔记本电脑上，假设反演迭代 10 次，网格映射总耗时仅占反演总耗时的 2%。因此笔者采用遍历法实现网格参数映射。

3.3　反演算法

3.3.1　目标函数

本书反演算法采用光滑约束的 Gauss – Newton 法（Siripunvaraporn，2012）。目标函数如下：

$$\boldsymbol{\Phi}(\boldsymbol{m}) = \parallel \boldsymbol{C}_d^{-1/2}[\boldsymbol{d} - \boldsymbol{F}(\boldsymbol{m})] \parallel^2 + \lambda \parallel \boldsymbol{C}_m^{-1/2}(\boldsymbol{m} - \boldsymbol{m}_0) \parallel^2 \qquad (3-1)$$

其中，$\boldsymbol{m}$ 为 M^{INV} 维反演模型参数向量 $\boldsymbol{m} = (m_1, m_2, \cdots, m_M)$，为保证反演的稳定性，反演模型参数 m_j 取电阻率对数值。$\boldsymbol{d}$ 为 N 维观测资料向量 $\boldsymbol{d} = (d_1, d_2, \cdots, d_N)^{\mathrm{T}}$，与模型参数类似，每个观测数据取视电阻率的对数值。$\boldsymbol{C}_d^{-1}$ 为观测资料 $\boldsymbol{d}$ 和模型正演响应 $F(\mathrm{m})$ 的数据拟合差权重，$\boldsymbol{C}_d^{-1} = \mathrm{diag}(1/\varepsilon_i)$。$\boldsymbol{C}_m^{-1}$ 为光滑度矩阵，在结构化网格中采用一阶差分近似，对于本书中的非结构网格，文献中采用相邻单元 i, j 的模型标准差作为 $\boldsymbol{C}_{mi,j}^{-1}$ 的值（Günther et al，2006）。λ 为数据目标函数和模型目标函数的权重因子，本书以灵敏度矩阵的最大特征值为初始 λ，然后在每个迭代步中以 0.7 的倍数递减（Baranwal et al.，2011），$\boldsymbol{m}_0$ 为先验信息。

对正演算子 $\boldsymbol{F}(\boldsymbol{m})$ 进行一阶 Taylor 展开，

$$\boldsymbol{F}(\boldsymbol{m}_{k+1}) = \boldsymbol{F}(\boldsymbol{m}_k) + \boldsymbol{J}_k(\boldsymbol{m}_{k+1} - \boldsymbol{m}_k) \qquad (3-2)$$

并对目标函数求导数，

$$\frac{\partial \boldsymbol{\Phi}(\boldsymbol{m})}{\partial \boldsymbol{m}} = 2\boldsymbol{C}_d^{-1/2}[\boldsymbol{d} - \boldsymbol{F}(\boldsymbol{m}_k) - \boldsymbol{J}_k(\boldsymbol{m}_{k+1} - \boldsymbol{m}_k)]\boldsymbol{C}_d^{-1/2}(-\boldsymbol{J}_k) +$$

$$2\lambda[\boldsymbol{C}_m^{-1/2}(\boldsymbol{m} - \boldsymbol{m}_0)]\boldsymbol{C}_m^{-1/2} \qquad (3-3)$$

令式（3-3）为零，可得到如下反演迭代公式：

$$\boldsymbol{m}_{k+1} - \boldsymbol{m}_k = \left[\lambda \boldsymbol{C}_m^{-1} + \boldsymbol{J}_k^{\mathrm{T}} \boldsymbol{C}_d^{-1} \boldsymbol{J}_k + \varepsilon_k \boldsymbol{I}\right]^{-1} \left\{ \boldsymbol{J}_k^{\mathrm{T}} \boldsymbol{C}_d^{-1} \left[\boldsymbol{d} - \boldsymbol{F}(\boldsymbol{m}_k)\right] - \lambda \boldsymbol{C}_m^{-1}(\boldsymbol{m}_k - \boldsymbol{m}_0) \right\}$$

$$(3-4)$$

其中单位矩阵的引入是为了保证反演求解的稳定性。$\boldsymbol{J}_k$ 为第 k 次迭代的灵敏度矩阵。文献中对反演方程组的求解采用 Intel Math Kernel Library 中的直接求解器 PARDISO(Schenk et al. , 2004)。

3.3.2　灵敏度求取

灵敏度矩阵 $\boldsymbol{J}_k \in R^{N \times M^{\mathrm{INV}}}$ 的元素 J_{ij} 是第 i 个正演响应对第 j 个模型参数的偏导数,其中观测资料为 N 维,反演模型参数为 M^{INV} 维。本书采用灵敏度方程法来求解灵敏度矩阵。这里给出灵敏度方程法的求解思路,具体求解步骤请参照附录 A。

以 TE 模式为例,对电场双旋度方程进行非结构网格离散后,通过有限元分析最终得到如下线性方程组:

$$\boldsymbol{Ax} = \boldsymbol{B} \qquad (3-5)$$

其中 x 为节点上的电场值 $\boldsymbol{E}_x$,将电场 $\boldsymbol{E}_x$ 与一和测点位置有关的向量 $\boldsymbol{a}$ 相乘,即可得到正演响应中的阻抗或视电阻率信息,如下:

$$F(m) = \boldsymbol{a}^{\mathrm{T}} x = \boldsymbol{a}^{\mathrm{T}} \boldsymbol{A}^{-1} \boldsymbol{B} \qquad (3-6)$$

灵敏度是正演响应对模型参数的偏导数,即 $J = \partial F / \partial m$,代入式(3-6)得:

$$J = \partial F / \partial m = \partial(\boldsymbol{a}^{\mathrm{T}} x) / \partial m = \boldsymbol{a}^{\mathrm{T}} \boldsymbol{A}^{-1} \boldsymbol{\Theta} + \boldsymbol{\Psi} \qquad (3-7)$$

其中,$\boldsymbol{\Theta} = \partial \boldsymbol{B} / \partial m - (\partial \boldsymbol{A} / \partial m) x$,$\boldsymbol{\Psi} = (\partial \boldsymbol{a}^{\mathrm{T}} / \partial m) x$。

通过互换原理,进行 N 次正演模拟,其中 N 为观测数据个数,即可得到灵敏度矩阵。互换原理算法程序如图 3-2 所示。

```
For j=1, N
    Solve Ay=a
    For i=1, M
        J(j, i)=Θᵀy+Ψ
    end
end
```

图 3-2　互换原理计算灵敏度矩阵程序示意图

由于第 i 个测点的正演响应 $F_i(m^{\mathrm{FWD}})$ 是与正演网格参数 m^{FWD} 有关的函数,因此根据式(3-7)求得的是 $\dfrac{\partial F_i(m^{\mathrm{FWD}})}{\partial m_j^{\mathrm{FWD}}}$,而反演中的灵敏度 J_{ij} 是正演响应对反演模型参数的偏导数,即 $\dfrac{\partial F_i(m^{\mathrm{FWD}})}{\partial m_j^{\mathrm{INV}}}$,因此文献中采用式(3-8)所示求和公式。

$$J_{ij}^{\text{INV}} = \frac{\partial F_i(m^{\text{FWD}})}{\partial m_j^{\text{INV}}} = \sum_{j=1}^{\overline{M}} J_{ij} = \sum_{j=1}^{\overline{M}} \frac{\partial F_i(m^{\text{FWD}})}{\partial m_j^{\text{FWD}}} \tag{3-8}$$

其中 $\overline{M}$ 为第 j 个反演网格 m_j^{INV} 中所包含的正演网格 m_j^{FWD} 的个数。

3.4　反演流程

本书基于非结构双网格的反演算法步骤如下：
(1)读取观测数据及地形信息；
(2)对带地形的初始模型进行非结构网格剖分，生成反演网格；
(3)根据局部加密文件对反演网格加密，生成正演网格；
(4)正反演网格参数映射；
(5)计算 RMS，满足拟合差后退出，否则继续；
(6)计算灵敏度矩阵 $\boldsymbol{J}_k$、数据拟合差权重因子 $\boldsymbol{C}_d^{-1}$、模型光滑度矩阵 $\boldsymbol{C}_m^{-1}$；
(7)构建反演方程组；
(8)求解反演方程组，得到修正的模型参数 m_{k+1}；
(9)计算新模型的 RMS，满足拟合差退出，否则回到(vi)步。
图 3-3 为反演流程图。

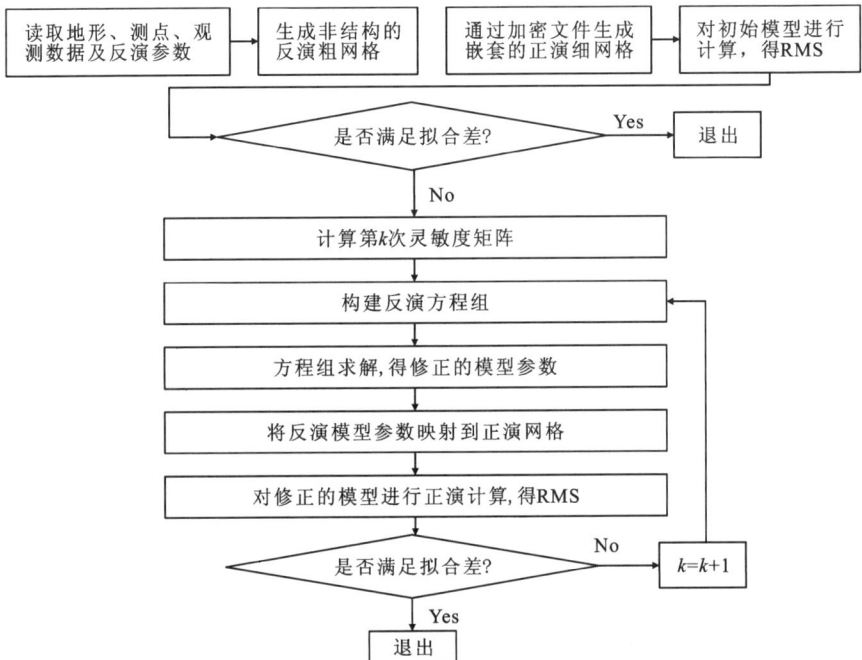

图 3-3　基于非结构双网格反演流程示意图

3.5　理论模型反演

本节首先对一复杂起伏地形模型进行正演计算，对比了考虑位移电流前后对 TE/TM 模式的视电阻率及相位的影响；然后对全电流数据进行 TE 和 TM 模式联合反演，印证了传统的准静态条件反演所带来的虚假构造；接着对观测数据进行了平地形反演，发现忽略地形后对异常体的大小和位置均无法准确反映；最后通过灵敏度分析验证了全电流反演的优势。本节模型算例均在 CPU 为 2.3GHz，RAM 为 2GB 的个人计算机上完成。

3.5.1　理论模型及反演数据的生成

图 3 - 4 为起伏地形模型示意图。第一层电阻率为 10000 $\Omega \cdot m$，相对介电常数 $\varepsilon_r = 5$；第二层电阻率为 1000 $\Omega \cdot m$；第一层中赋存两个低阻异常体，异常体的电阻率均为 500 $\Omega \cdot m$，宽 200 m，高 75 m，顶部距地表分别为 125 m（左）和 25 m（右）；山脊和山谷距水平地面的高程分别为 100 m 和 - 100 m；计算时，空气层的电阻率为 1.0×10^{16} $\Omega \cdot m$。图中黑线为非结构网格剖分示意图，为保证计算精度，对正演响应的计算采用较密的网格剖分。网格剖分范围为 $x \in [$ - 10 km，10 km$]$，$z \in [$ - 10 km，10 km$]$总节点数为 52991，单元数为 105708。网格剖分在测点附近进行了加密，以保证计算精度。正演计算频点数为 25，从 1 kHz 到 251 kHz，每个数量级上对数等间距分布 10 个频点。测点从 - 500 m 到 500 m，间距为 50 m，总测点数为 21 个。对所有频点的 TE 和 TM 模式计算总耗时为 93.99s。

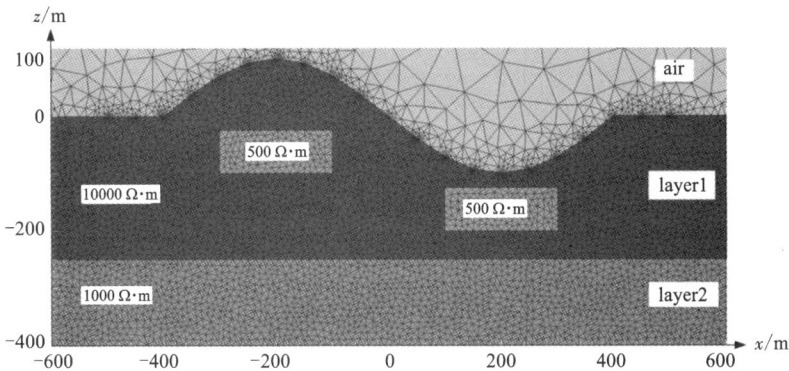

图 3 - 4　起伏地形模型示意图

第一层电阻率为 10000 $\Omega \cdot m$，相对介电常数 $\varepsilon_r = 5$；第二层电阻率为 1000 $\Omega \cdot m$；山脊和山谷距水平地面的高程分别为 100 m 和 - 100 m；两个矩形异常体电阻率均为 500 $\Omega \cdot m$，宽 200 m，高 75 m，顶部距水平面分别为 25 m 和 125 m。图中黑线为网格剖分示意图。

附彩图 4 是几个典型频率(10 kHz、100 kHz、250 kHz)下的考虑位移电流和不考虑位移电流的 TE/TM 模式响应。其中"+"表示不考虑位移电流的结果(without displacement current,简写为 w. o. dis.),"▲"表示考虑位移电流的结果(with displacement current,简写为 w. dis.)。从图中可看出,当频率为 10 kHz 时(深灰色曲线),考虑和不考虑位移电流的 TE/TM 模式视电阻率和相位曲线均重合,表明此频率下位移电流对计算结果影响很小,可忽略;当频率为 100 kHz 时(黑色曲线),视电阻率和相位曲线均出现分离现象;而当频率为 250 kHz 时(浅灰色曲线),曲线出现较大的分离,尤其是相位曲线。结果表明,对 RMT 数据而言,当频率较高时位移电流不可忽略。

3.5.2　RMT 反演结果

在 RMT 数据采集时得到的是全电流条件下的数据,然而对观测数据的反演目前多是采用已有的准静态假设下的 MT 软件,根据 3.5.1 节的正演结果可知,对全电流数据进行准静态反演势必会引起一定的偏差。因此,本节对 3.5.1 节得到的考虑位移电流的正演数据添加 2% 的高斯噪声后进行 RMT 反演,研究地形和位移电流对 RMT 反演结果的影响。

3.5.2.1　平地形反演结果

本节研究地形对 2D RMT 资料反演结果的影响。反演数据采用添加 2% 高斯噪声的全电流数据,测点从 −500 m 到 500 m,间距为 50 m,总测点数为 21 个,图 3 −5 中用下三角表示测点。频点数为 25 个,从 1 kHz 到 251 kHz,每个数量级上对数等间距分布 10 个频点,TE&TM 联合模式的总反演数据量为 $N = 25 \times 21 \times 4 = 2100$。图 3 −5 为平地形反演的双网格剖分示意图,其中黑线为反演粗网格,灰线为加密的正演网格。反演网格的总节点数为 4060,单元数为 8054;正演网格的节点数为 21067,单元数为 41900。反演初始模型是电阻率为 10000 $\Omega \cdot m$ 的均匀半空间。

附彩图 5 为对图 3 −4 所示的带地形模型的理论数据进行忽略位移电流的平地形反演(a)和考虑位移电流的平地形反演(b)的结果。反演迭代次数均为 12 次。从图中可看出,无论是否考虑位移电流,对带地形的 RMT 数据进行平地形反演均无法正确得到异常体的大小和位置信息。该结果表明对地形起伏明显的地区采集的 RMT 数据进行反演时,务必要进行带地形的反演,否则会严重影响数据解释的准确性。

3.5.2.2　带地形反演结果

图 3 −6 为带地形反演迭代时的双网格剖分示意图,其中下三角符号表示测点位置,黑线表示反演粗网格,灰线表示正演密网格。反演网格的总节点数为 3919,单元数为 7772,正演网格的节点数为 21621,单元数为 43008。反演初始模

型的电阻率为 $10000\ \Omega\cdot m$。

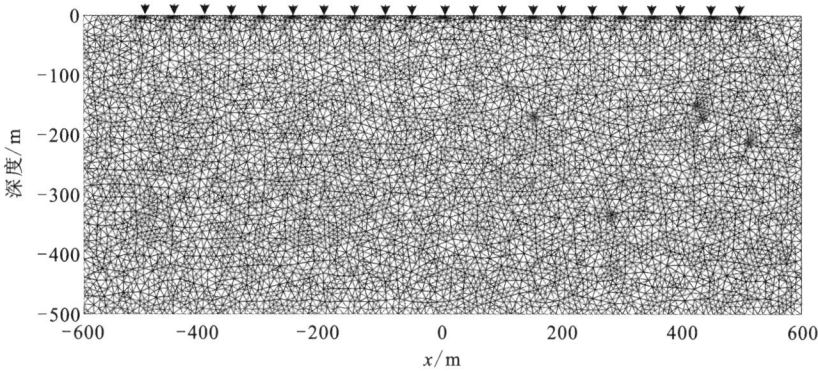

图 3 - 5　平地形反演的双网格剖分示意图

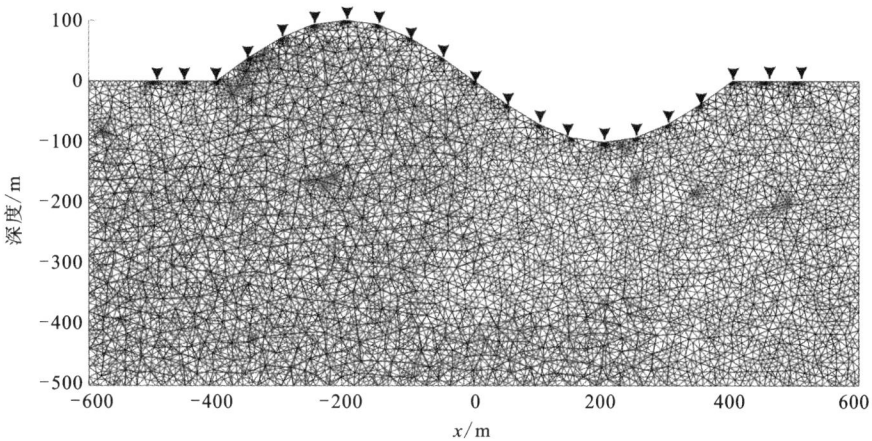

图 3 - 6　非结构双网格剖分示意图

附彩图 6 是对 3.5.1 节中得到的全电流正演数据不添加噪声［附彩图 6(a)、附彩图 6(d)］，添加 2% 的高斯噪声［附彩图 6(b)、附彩图 6(e)］和添加 5% 的高斯噪声［附彩图 6(c)、附彩图 6(f)］进行全电流反演［附彩图 6(d) ~ 附彩图 6(f)］和不考虑位移电流反演［附彩图 6(a) ~ 附彩图 6(c)］的结果。所有结果的反演迭代次数均为 12 次。首先，所有结果对地层中的两个低阻异常体的位置和地层分界面都能准确反映出来，然而，随着噪声的增加，反演出的地层分界面与低阻异常体出现了一定的黏连现象［附彩图 6(c)、附彩图 6(f)］，说明噪声会在一定程度上降低反演的分辨率。其次，对比不考虑位移电流的反演（左侧图）和全电流反演结果(右侧图)可看出，忽略位移电流的反演结果在地表附近出现了虚假的高阻构造(如图中圈出部分所示)，而全电流反演结果对这些虚假的高阻构造有一定的压制作用，这一结果与 Kalscheuer et al.(2008)的基于有限差分的平地形反演结论相吻合。本章 3.5.3 节会通过灵敏度分析来解释为何全电流反演能够压制地表虚假高阻构造。

表 3-1 是对添加 2% 高斯噪声的理论数据进行全电流反演时的反演参数及耗时。反演中，初始正则化因子为 35.54，双网格参数映射耗时 73.53s，反演方程组的维数为 7772×7772，这一规模的反演方程组求解一次耗时 62.62s，反演中灵敏度矩阵的维数为 2100×7772，求解一次灵敏度矩阵的耗时为 598.18s。反演迭代的初始 RMS 为 37%，迭代 12 次后的 RMS 为 16%，反演迭代 12 次的总耗时为 158 min。

表 3-1　反演参数及耗时——以理论数据加 2% 高斯噪声的全电流反演为例

初始 λ	双网格映射耗时/s	反演方程组维数	方程组求解耗时/s	灵敏度求解耗时/s	初始 RMS	迭代 12 次后 RMS	反演总耗时/min
35.54	73.53	7772×7772	62.62	598.18	0.37	0.16	158

图 3-7 是对附彩图 6(e)的反演模型进行正演计算得到的响应与观测数据的视电阻率曲线拟合对比图。图中灰色和黑色的直线分别代表观测数据的 TE、TM 模式视电阻率曲线，而灰色和黑色的三角代表反演模型的正演响应曲线。从图中可看出，反演模型进行正演计算得到的 TE、TM 视电阻率均与观测资料拟合得很好，表明反演结果是可靠的。

3.5.3　灵敏度分析

为研究全电流反演结果对地表高阻冗余构造的压制作用，本节对图 3-4 所示的模型进行灵敏度分析。附彩图 7 为对地表(0,0)处测点在不同频率下计算的 TE 模式视电阻率灵敏度分布图。四个典型频点分别为 1 kHz、10 kHz、100 kHz、251 kHz。附彩图 7(a)~附彩图 7(d)为这四个频点考虑位移电流的灵敏度分布图，附彩图 7(e)~附彩图 7(h)为这四个频点不考虑位移电流的灵敏度分布图。附彩图 7 中的所有子图均采用相同的色标，其中红色代表灵敏度为负值，其余颜色代表灵敏度为正值，而灵敏度在零附近的值用白色表示，这意味着图中白色区域的灵敏度非常小，在反演迭代过程中对模型几乎无影响。从附彩图 7(a)所示可看出，当频率为 1 kHz 时，灵敏度主要分布于 3 处：测点附近、异常体处、第二层地层处，且在异常体处的灵敏度靠近测点一侧的值要大于远离测点一侧的值。这与灵敏度

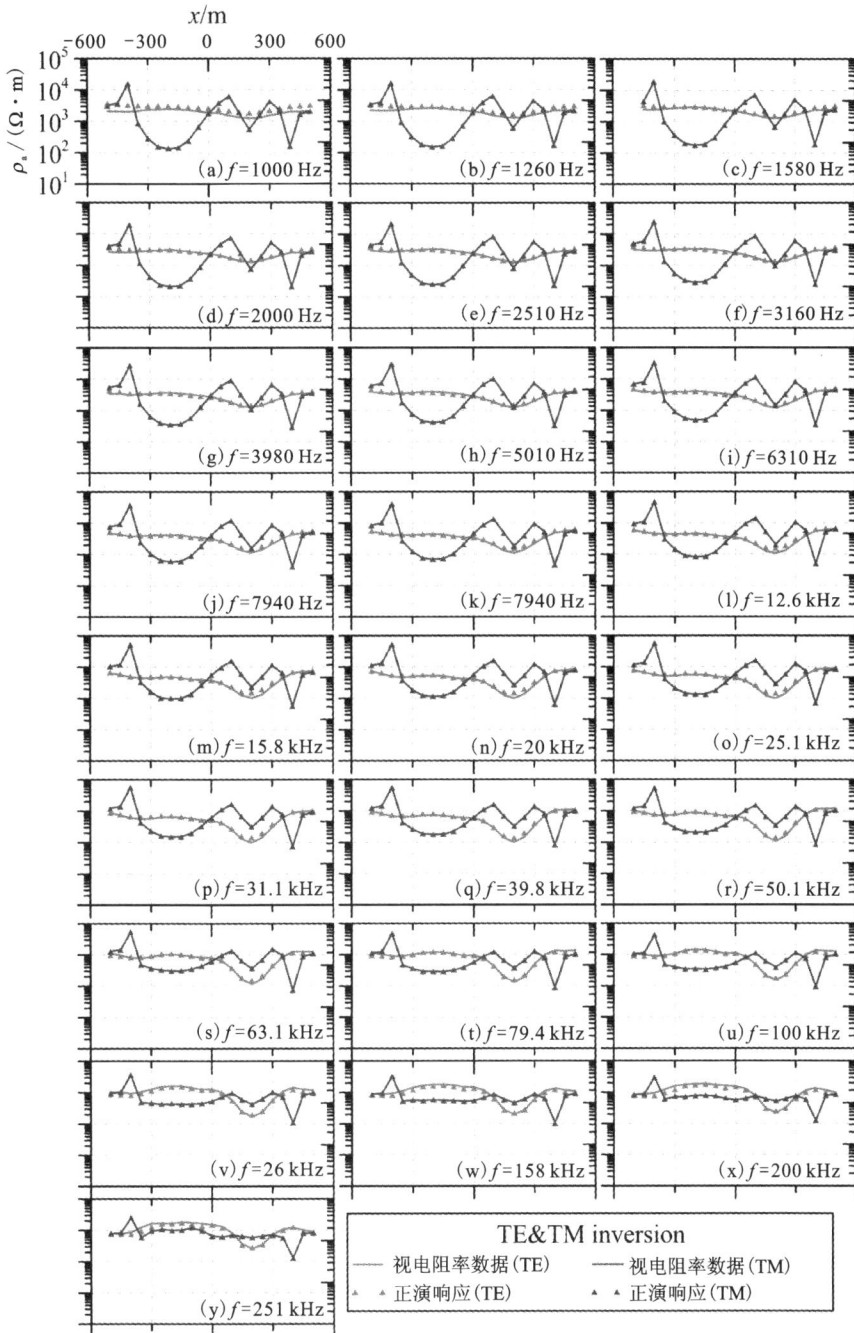

图 3 − 7　附彩图 6(e) 的反演模型的正演响应与理论数据的视电阻率曲线拟合对比图

灰色和黑色线条为加 2% 高斯噪声的 TE、TM 视电阻率数据，三角为附彩图 6(e) 的反演模型的正演响应

的物理意义相吻合；当频率为 10 kHz 时[如附彩图 7(b)所示]，灵敏度分布规律与附彩图 7(a)类似，但是由于频率的升高，近地表的灵敏度有所增加而深部的灵敏度有所降低；当频率为 100 kHz 时[如附彩图 7(c)所示]，灵敏度的反映主要集中于第一层，此时第二层的灵敏度已经微乎其微；对比附彩图 7(a)~附彩图 7(c)和附彩图 7(e)~附彩图 7(g)可看出，在 1 kHz、10 kHz、100 kHz 下，考虑位移电流和不考虑位移电流时 TE 模式的视电阻率灵敏度分布没有太大区别。然而，当频率为 251 kHz 时，附彩图 7(d)和附彩图 7(h)在测点附近和靠近测点的异常拐角处均出现明显的灵敏度分布，除此外，考虑位移电流的灵敏度结果[附彩图 7(d)]在山脊和山谷的拐角处及异常体中间均出现明显的灵敏度，这说明不考虑位移电流时，反演模型在这些地方灵敏度为零，已无法进行模型修正，而考虑位移电流情况下依然可以进行模型校正，从而压制地表附近的高阻冗余构造，附彩图 7(d)的灵敏度分布也与附彩图 6(b)、附彩图 6(e)的反演结果相吻合。

3.6 其他算例

在本节中，作者通过对更多的理论模型进行反演计算来验证所开发的程序的正确性。所有理论模型反演计算中，均对理论模型的正演响应添加 2% 的高斯噪声生成反演数据。反演初始模型均为均匀半空间，测点在图中采用下三角表示，所有算例的计算频点均为 25 个，从 1 kHz 到 251 kHz 成对数等间距分布。

3.6.1 山脊模型

本算例为理论模型反演算例。理论模型为山脊下方存在一低阻异常体，异常体位于 $x \in [-100, 100]$，$z \in [-10, -60]$ 处，山脊背景电阻率为 10000 $\Omega \cdot m$，异常体电阻率为 1000 $\Omega \cdot m$。对该模型在 TE/TM 模式的 25 个频点进行正演计算，计算得到的视电阻率和相对添加 2% 的高斯噪声作为反演数据，总反演数据量为 2500。

图 3-8 为电阻率反演结果。初始模型取背景电阻率，反演中相对介电常数始终为 1。图 3-8(a)为反演中双网格剖分示意图，反演网格单元数为 6344，正演网格单元数为 30005。图 3-8(b)为迭代 12 次后的反演结果，总计算耗时 10163s。图 3-8(b)中虚线为真实的异常体位置，反演结果能够很好地反映出异常体的位置，表明反演程序正确。

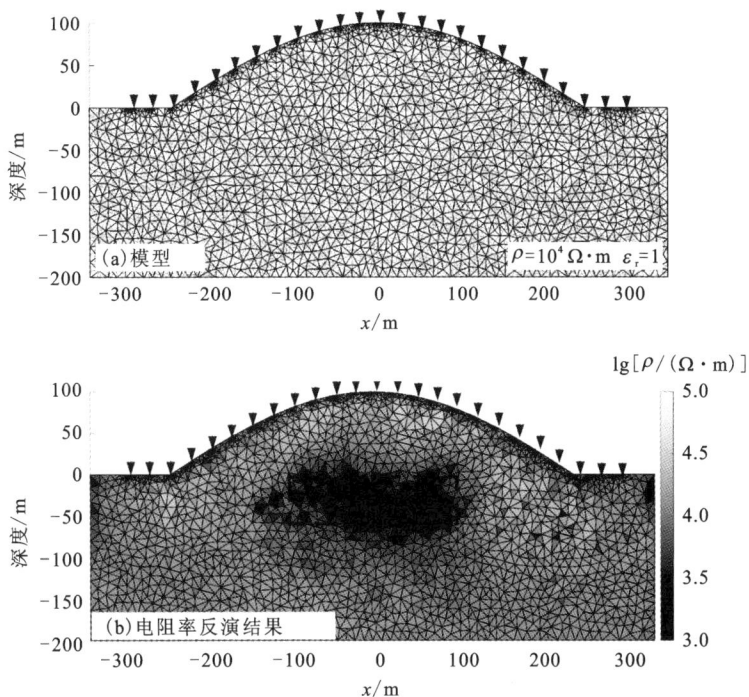

图 3 - 8　山脊地形中存在一低阻异常体模型反演结果

3.6.2　山谷模型

本算例为理论模型反演算例。理论模型为山谷下方存在一低阻异常体，异常体位于 $x \in [-100, 100]$，$z \in [-130, -180]$ 处，山脊背景电阻率为 10000 Ω·m，异常体电阻率为 1000 Ω·m。对该模型在 TE/TM 模式的 25 个频点进行正演计算，计算得到的视电阻率和相对添加 2% 的高斯噪声作为反演数据，总反演数据量为 2500。

图 3 - 9 为电阻率反演结果。初始模型取背景电阻率值，反演中相对介电常数始终为 1。图 3 - 9(a) 为反演中双网格剖分示意图，反演网格单元数为 6861，正演网格单元数为 30460。图 3 - 9(b) 为迭代 12 次后的反演结果，总计算耗时 11349s。图 3 - 9(b) 图中虚线为真实的异常体位置，反演结果能够很好地反映出异常体的位置，表明反演程序正确。

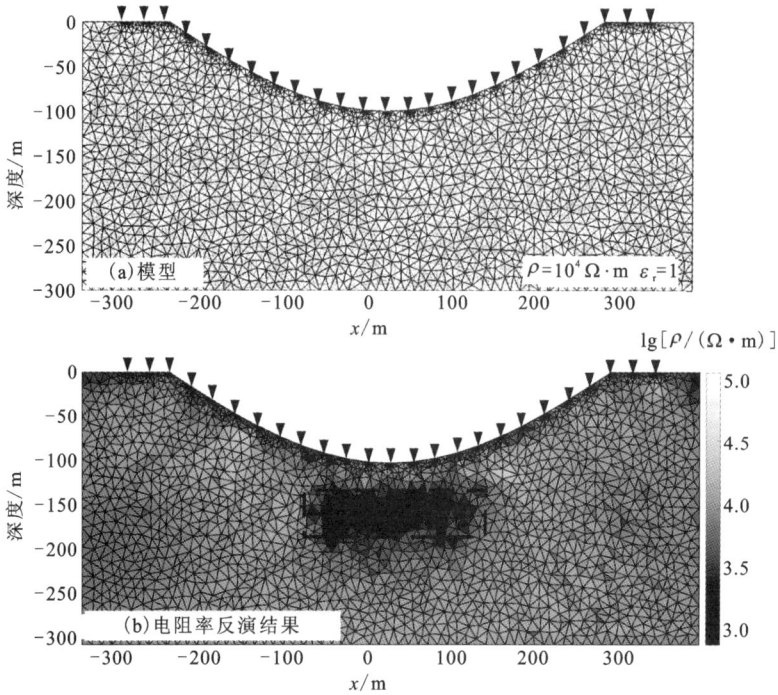

图 3 - 9　山谷地形中存在一低阻异常体模型反演结果

3.6.3　山脊山谷组合模型

本算例为理论模型反演算例。理论模型为山脊 - 山谷组合地形下方存在两个低阻异常体,异常体分别位于 $x \in [-300, -100]$, $z \in [-25, -100]$ 和 $x \in [100, 300]$, $z \in [-125, -200]$ 处,背景电阻率为 10000 $\Omega \cdot m$,两个异常体电阻率均为 1000 $\Omega \cdot m$。对该模型在 TE/TM 模式的 25 个频点进行正演计算,将计算得到的视电阻率和相对添加 2% 的高斯噪声作为反演数据,总反演数据量为 2100。

图 3 - 10 为电阻率反演结果。初始模型取背景电阻率值,反演中相对介电常数始终为 1。图 3 - 10(a) 为反演中双网格剖分示意图,反演网格单元数为 6335,正演网格单元数为 22922。图 3 - 10(b) 为迭代 12 次后的反演结果,总计算耗时 4920 s。图 3 - 10(b) 中虚线为真实的异常体位置,反演结果能够很好地反映出异常体的位置,表明反演程序正确。

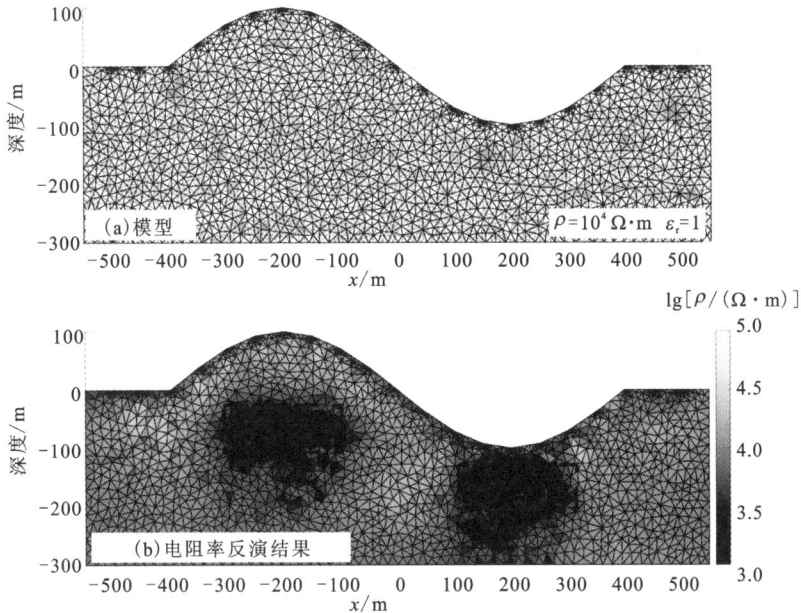

图 3 – 10 起伏地形中存在两个低阻异常体模型反演结果

3.7 本章小结

本章作者开发了基于非结构双网格的 2D RMT 反演程序，研究了位移电流对任意复杂地形下的 RMT 数据反演的影响，避免了采用 MT 原理进行 RMT 数据反演时出现的冗余构造，提高了 2D RMT 数据反演的可靠性。

作者采用非结构的三角形网格剖分，确保程序能够灵活模拟任意复杂地形，并采用独立的正反演网格。正演计算中，为了保证计算精度往往需要较密的网格剖分，而在求解反演模型时，通常更关心地下构造信息，因此可采用较粗的网格来提高计算效率。通过网格映射实现了正反演网格中模型参数的传递。

本章对带地形的复杂模型进行了理论测试和分析。首先对模型进行了正演计算，发现是否考虑位移电流对 RMT 高频资料有很大影响。然后对全电流条件下的 RMT 数据进行反演，结果表明：(1) 不考虑地形的反演对地层及异常体的大小和位置均无法准确反映，说明在进行 RMT 反演时务必要考虑地形影响；(2) 忽略位移电流会使得 RMT 反演结果在浅地表出现高阻冗余构造，而全电流反演会对其有很好的压制。最后，研究了四个典型频点下的灵敏度分布，发现在低频情况下，是否考虑位移电流对 RMT 数据的灵敏度分布无太大影响；而当频率较高时，忽略位移电流计算得到的灵敏度仅在测点附近和异常体靠近测点的一侧灵敏度较明显，其余地方灵敏度几乎为零，而考虑位移电流时不仅在测点和异常体附近有灵敏度，同时在地形拐角处也存在明显的灵敏度，这也解释了为何全电流反演能够抑制浅地表的高阻冗余构造。

借助于本书开发的 RMT 数据带地形反演程序，可有效地反演出地下浅部的电导率结构，虽然目前 RMT 数据采集仪器的发展较为迟缓，但是我们相信在不久的将来，RMT 方法会得到越来越多的应用。在下一章中，我们将进行地下电导率与地下介电常数的同时反演，希望能够最大程度地挖掘 RMT 数据包含的地下信息。

第 4 章　基于非结构双网格的 多参数同步反演

4.1　引　言

目前,各类电磁资料的反演均是以满足目标拟合差的地下介质电阻率分布为目的的。然而,从本书第 2 章的数值算例可看出,对于高频 RMT 数据,由介电常数所引起的波动场在总场中的比例可达 20% 以上,在这种情况下,仅通过电阻率参数的反演来拟合目标函数势必会有所偏差。基于上述考虑,本章研究了电阻率和介电常数的同步反演。首先建立了双参数目标函数,然后通过对正演算子 F (m_1, m_2) 进行二元 Taylor 函数展开,并对双参数目标函数求导数为零,得到反演迭代方程组。双参数反演的一大难点在于如何通过对电阻率和介电常数进行合理的尺度变换,以保证观测数据对二者均是灵敏的。为此,本章提出了相对电导率的概念,以统一双参数的灵敏度量级,通过反演相对电导率和相对介电常数来实现双参数的反演。最后采用理论模型验证了双参数反演的可行性。

4.2　多参数同步反演算法

4.2.1　目标函数

本章中多参数反演基本算法仍采用光滑约束的 Gauss – Newton 法,但是,在构建目标函数时考虑地下电阻率和介电常数两个参数,双参数目标函数如下所示:

$$\boldsymbol{\Phi}(m_1, m_2) = \| \boldsymbol{C}_d^{-1/2}[\boldsymbol{d} - \boldsymbol{F}(m_1, m_2)] \|^2 + \lambda \| \boldsymbol{C}_{m_1}^{1/2}(m_1 - m_{10}) \|^2 + \gamma \| \boldsymbol{C}_{m_2}^{-1/2}(m_2 - m_{20}) \|^2 \tag{4-1}$$

其中目标函数 $\boldsymbol{\Phi}(m_1, m_2)$ 是与地下介电常数 m_1 和电阻率 m_2 均相关的函数;m_1、m_2 均为维数是 M^{INV} 维的反演模型参数向量;$\boldsymbol{d}$ 为 N 维观测资料向量,$\boldsymbol{d} = (d_1, d_2, \cdots, d_N)^T$;$\boldsymbol{F}(m_1, m_2)$ 是由 m_1 和 m_2 共同作用得到的正演响应。$\boldsymbol{C}_d^{-1}$ 为观测资料 $\boldsymbol{d}$ 和模型正演响应 $\boldsymbol{F}(m_1, m_2)$ 的数据拟合差权重,$\boldsymbol{C}_d^{-1} = \mathrm{diag}(1/\varepsilon_i)$;$\boldsymbol{C}_{m_1}^{-1}$ 和

$C_{m_2}^{-1}$ 分别为与电阻率和介电常数相关的光滑度矩阵，其取值方法与第 3 章类似。m_{10} 和 m_{20} 分别为地下电阻率和介电常数的先验信息。λ 和 γ 为调节两个模型拟合差与数据拟合差之间的权重因子。

对正演算子 $F(m_1, m_2)$ 进行二元 Taylor 展开，

$$F(m_{1k+1}, m_{2k+1}) = F(m_{1k}, m_{2k}) + J_{1k}(m_{1k+1} - m_{1k}) + J_{2k}(m_{2k+1} - m_{2k})$$

$$(4-2)$$

将二元目标函数 $\Phi(m_1, m_2)$ 分别对 m_1 和 m_2 求导数，

$$\frac{\partial \Phi(m_1, m_2)}{\partial m_1} = 2C_d^{-1/2}[d - F(m_{1k}, m_{2k}) - J_{1k}(m_{1k+1} - m_{1k}) - J_{2k}(m_{2k+1} - m_{2k})] \cdot$$

$$C_d^{-1/2}(-J_{1k}) + 2\lambda[C_{m_1}^{-1/2}(m_{1k+1} - m_{10})] \cdot C_{m_1}^{-1/2}$$

$$(4-3a)$$

$$\frac{\partial \Phi(m_1, m_2)}{\partial m_2} = 2C_d^{-1/2}[d - F(m_{1k}, m_{2k}) - J_{1k}(m_{1k+1} - m_{1k}) - J_{2k}(m_{2k+1} - m_{2k})] \cdot$$

$$C_d^{-1/2}(-J_{2k}) + 2\lambda[C_{m_2}^{-1/2}(m_{2k+1} - m_{20})] \cdot C_{m_2}^{-1/2}$$

$$(4-3b)$$

令式(4-3a)和式(4-3b)分别为零，得到如下等式，

$$J_{1k}^T C_d^{-1} J_{1k} \cdot \Delta m_1 + J_{1k}^T C_d^{-1} J_{2k} \cdot \Delta m_2 + \lambda C_{m_1}^{-1} \cdot \Delta m_1 =$$
$$J_{1k}^T C_d^{-1}[d - F(m_{1k}, m_{2k})] - \lambda C_{m_1}^{-1}(m_{1k} - m_{10})$$

$$(4-4a)$$

$$J_{2k}^T C_d^{-1} J_{1k} \cdot \Delta m_1 + J_{2k}^T C_d^{-1} J_{2k} \cdot \Delta m_2 + \gamma C_{m_2}^{-1} \cdot \Delta m_2 =$$
$$J_{2k}^T C_d^{-1}[d - F(m_{1k}, m_{2k})] - \gamma C_{m_2}^{-1}(m_{2k} - m_{20})$$

$$(4-4b)$$

联立式(4-4a)和式(4-4b)后可得如下反演迭代方程组，

$$\begin{bmatrix} J_{1k}^T C_d^{-1} J_{1k} + \lambda C_{m_1}^{-1} & J_{1k}^T C_d^{-1} J_{2k} \\ J_{2k}^T C_d^{-1} J_{1k} & J_{2k}^T C_d^{-1} J_{2k} + \gamma C_{m_2}^{-1} \end{bmatrix} \cdot \begin{bmatrix} \Delta m_1 \\ \Delta m_2 \end{bmatrix} =$$

$$(4-5)$$

$$\begin{bmatrix} J_{1k}^T C_d^{-1}[d - F(m_{1k}, m_{2k})] - \lambda C_{m_1}^{-1}(m_{1k} - m_{10}) \\ J_{2k}^T C_d^{-1}[d - F(m_{1k}, m_{2k})] - \gamma C_{m_2}^{-1}(m_{2k} - m_{20}) \end{bmatrix}$$

令式(4-5)中，$A = J_{1k}^T C_d^{-1} J_{1k} + \lambda C_{m_1}^{-1}$、$B = J_{1k}^T C_d^{-1} J_{2k}$、$C = J_{2k}^T C_d^{-1} J_{1k}$、$D = J_{2k}^T$ $C_d^{-1} J_{2k} + \gamma C_{m_2}^{-1}$、$x_1 = \Delta m_1$、$x_2 = \Delta m_2$、$y_1 = J_{1k}^T C_d^{-1}[d - F(m_{1k}, m_{2k})] - \lambda C_{m_1}^{-1}$ $(m_{1k} - m_{10})$、$y_2 = J_{2k}^T C_d^{-1}[d - F(m_{1k}, m_{2k})] - \gamma C_{m_2}^{-1}(m_{2k} - m_{20})$，式(4-5)可简化为如下方程组：

$$\begin{bmatrix} A & B \\ C & D \end{bmatrix} \cdot \begin{bmatrix} x_1 \\ x_2 \end{bmatrix} = \begin{bmatrix} y_1 \\ y_2 \end{bmatrix}$$

$$(4-6)$$

其中，A、B、C、D 均为 $M \times M$ 阶矩阵，x_1、x_2、y_1、y_2 均为 $M \times 1$ 阶向量。通过求解方程组（4−6）即可得到第 k 次迭代的模型修正量 Δm_{1k} 和 Δm_{2k}，然后根据式（4−7）即可得到新的模型参数，

$$m_{1k+1} = m_{1k} + \Delta m_{1k} \tag{4−7a}$$

$$m_{2k+1} = m_{2k} + \Delta m_{2k} \tag{4−7b}$$

在单参数反演中，为保证反演过程的稳定性，反演模型参数通常取电阻率对数值，本书第 3 章中的反演模型参数取的是电阻率以 10 为底的对数值。而在本章双参数反演中，如何通过对反演参数的合理转换来保证反演过程的稳定是一大难点。

4.2.2 反演参数尺度变换

在进行多参数同步反演前，首先要研究不同地电参数（σ，ε）对正演响应的灵敏度，然后根据参数灵敏度的不同对 σ 和 ε 进行合理的尺度变换以保证反演的稳定性。这里我们首先以均匀半空间模型为例来讨论电导率和介电常数的模型改变对电场场值的影响。假设均匀半空间电导率为 σ^b，介电常数为 ε^b，那么根据式（2−12）可得地表电场值为 E_x，将 E_x 分别对 σ 和 ε 求导可得：

$$\frac{\partial E_x}{\partial \sigma} = E_{x0} e^{i\omega t}(-k) e^{-kz} \frac{\partial k}{\partial \sigma}$$
$$\frac{\partial E_x}{\partial \varepsilon} = E_{x0} e^{i\omega t}(-k) e^{-kz} \frac{\partial k}{\partial \varepsilon} \tag{4−8}$$

其中，

$$\frac{\partial k}{\partial \sigma} = \frac{1}{2k}(-i\omega\mu)$$
$$\frac{\partial k}{\partial \varepsilon} = \frac{1}{2k}\omega^2\mu \tag{4−9}$$

根据差分公式，电导率改变量 $\delta\sigma^b$ 和介电常数改变量 $\delta\varepsilon^b$ 引起的电场场值改变量 $\delta E_x^{\sigma^b}$ 和 $\delta E_x^{\varepsilon^b}$ 分别为：

$$\delta E_x^{\sigma^b} = \frac{\partial E_x}{\partial \sigma}\delta\sigma^b \tag{4−10a}$$

$$\delta E_x^{\varepsilon^b} = \frac{\partial E_x}{\partial \varepsilon}\delta\varepsilon^b \tag{4−10b}$$

将式（4−8）、式（4−9）代入式（4−10），并将式（4−10a）除以式（4−10b）得，

$$\frac{|\delta E_x^{\sigma^b}|}{|\delta E_x^{\varepsilon^b}|} = \frac{\omega}{\omega^2}\frac{\delta\sigma^b}{\delta\varepsilon^b} \tag{4−11}$$

通常，令模型改变量为原来的 Δ 倍，即 $\delta\sigma^b = \sigma^b \cdot \Delta$、$\delta\varepsilon^b = \varepsilon^b \cdot \Delta$，那么式（4−11）可转换为：

$$\frac{|\delta E_x^{\sigma^b}|}{|\delta E_x^{\varepsilon^b}|} = \frac{\sigma^b}{\omega \varepsilon^b} \tag{4-12}$$

从式(4-12)可看出，在 MT 的勘探频率下 $\sigma^b \gg \omega \varepsilon^b$，即 $|\delta E_x^{\sigma^b}| \gg |\delta E_x^{\varepsilon^b}|$，也就是说此时观测数据对电导率更为灵敏；类似地，在 GPR 的勘探频率下 $\sigma^b \ll \omega \varepsilon^b$，即 $|\delta E_x^{\sigma^b}| \ll |\delta E_x^{\varepsilon^b}|$，这就意味着 GPR 观测数据对介电常数反应更为灵敏（尤其是在高阻地区）；而在 RMT 勘探频段，$\sigma^b \approx \omega \varepsilon^b$，此时，观测数据对二者反应的灵敏度相当。然而，考虑到实际中电导率的变化范围更广（$10^{-4} \sim 0.1\text{S/m}$），而介电常数为 $1 \sim 81$，这使得实际反演中，电导率更容易引起观测数据的改变，而削弱了介电常数的影响。此外，从式(4-11)中我们可看出，电导率的灵敏度与频率的一次方成正比，而介电常数的灵敏度与频率的二次方成正比，因此，随着频率的升高，介电常数对观测数据的影响更大。为此，我们期望寻求一种电导率变换式，使得其数据尺度缩小，同时保证频率对电导率灵敏度的影响与介电常数相当。

根据式(2-2)，我们定义复介电常数 ε' 为：

$$\varepsilon' = \varepsilon + \mathrm{i}\frac{\sigma}{\omega} \tag{4-13}$$

式(4-13)的实部代表位移电流的贡献，它在电磁波的传播过程中不会产生能量损耗；而虚部代表传导电流的贡献，由于传导电流的传播过程中会产生焦耳热，从而使能量有所损耗。根据物理学中的定义，介质损耗角正切值 $\tan\delta_0$ 是表征电磁波在介质中传播时将电磁能量转化为热能所消耗的能量，其数学表达式为：

$$\tan\delta_0 = \frac{\sigma_0}{\omega_0 \varepsilon_0} \tag{4-14}$$

令式(4-14)中的 $\tan\delta_0 = 1$，此时，位移电流与传导电流对场的贡献相等，我们定义 $\tan\delta_0 = 1$ 时的地电参数为参考场。σ_0 为参考场的电导率，ω_0 为参考频率，ε_0 为真空中的介电常数。由此可得参考场的电导率 $\sigma_0 = \omega_0 \varepsilon_0$。与相对介电常数 $\varepsilon_r = \varepsilon/\varepsilon_0$ 的定义类似，我们可定义一个相对电导率参数 $\sigma_r = \sigma/\sigma_0$，然后在双参数反演中反演相对电导率和相对介电常数。经过这一变换后，观测数据对 σ_r 和 ε_r 的灵敏度的依赖性相当，并且缩小了电导率参数的变化范围。

为测试观测数据对经过尺度变换后的反演参数的灵敏度，我们以图 2-8 中的均匀半空间中赋存一矩形异常体为例（但是改变了介电常数的差异），研究视电阻率和相位对电导率参数变换前后的灵敏度。图 4-1 为计算灵敏度前的正演网格剖分，为保证计算的准确性，这里采用较密的网格剖分，网格剖分范围为 $x \in [-5\text{ km}, 5\text{ km}]$，$z \in [-5\text{ km}, 5\text{ km}]$，总节点数为 19143，单元数为 38032。

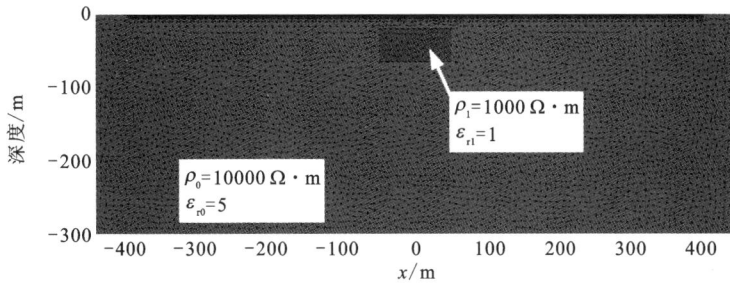

图 4 - 1　理论模型及正演网格剖分示意图

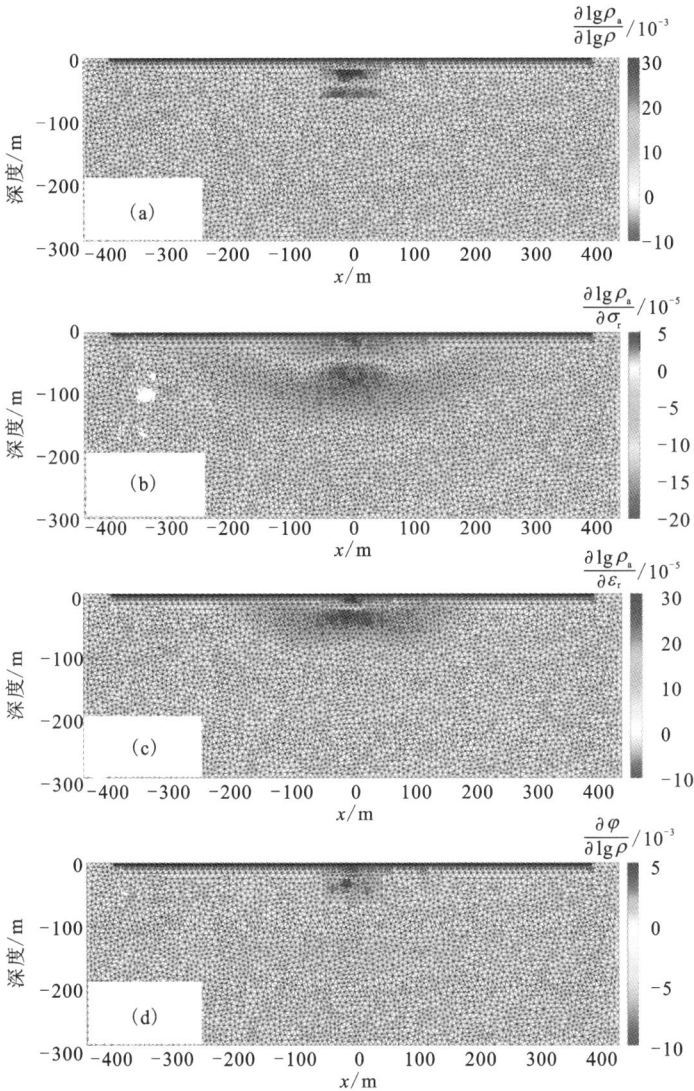

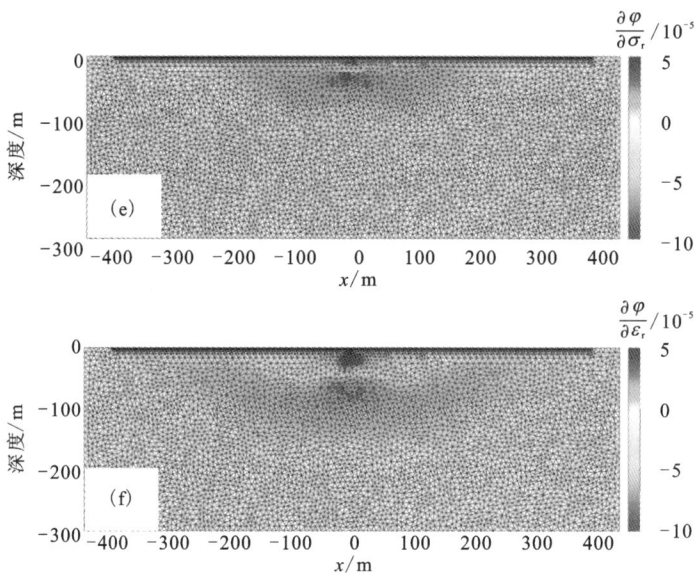

图 4 - 2　图 4 - 1 中模型的 TE 模式下视电阻率及相位灵敏度

其中观测数据点位于(0,0)处,计算频率为 250 kHz。(a)~(c)分别为视电阻率对对数电阻率、相对电导率及相对介电常数的灵敏度,(d)~(f)为相位对三个参数的灵敏度

图 4 - 2 为 TE 模式下计算得到的视电阻率及相位对不同反演参数的灵敏度。观测数据点位于(0,0)处,计算频率为 250 kHz,计算耗时 12.76 s。图 4 - 2(a)~图 4 - 2(c)为视电阻率对以 10 为底的对数电阻率 $\lg\rho$、相对电导率 σ_r 及相对介电常数 ε_r 的灵敏度;图 4 - 2(d)~图 4 - 2(f)为相位的灵敏度。从图 4 - 2(a)、图 4 - 2(d)两图中可看出,观测数据对 $\lg\rho$ 的灵敏度在 10^{-2}~10^{-3},而图 4 - 2(c)和图 4 - 2(f)中,观测数据对 ε_r 的灵敏度较小,为 10^{-4}~10^{-5},在这种情况下,由于观测数据对 $\lg\rho$ 的灵敏度远大于 ε_r,也就是说 ε_r 对观测数据的影响微乎其微,导致反演迭代中对相对介电常数的修正几乎为零(反演结果参看图 4 - 6)。图 4 - 2(b)和图 4 - 2(d)为通过本节中所定义的相对电导率对电阻率参数进行变换后的灵敏度,参数变换中参考频率 ω_0 取 100 kHz。从图中可看出,经过尺度变换后,视电阻率和相位对 σ_r 的灵敏度也处于 10^{-4}~10^{-5},从而保证 σ_r 和 ε_r 对观测数据有相当的贡献,为双参数的反演奠定了基础。

4.2.3　反演流程

多参数同步反演流程如图 4 - 3 所示。

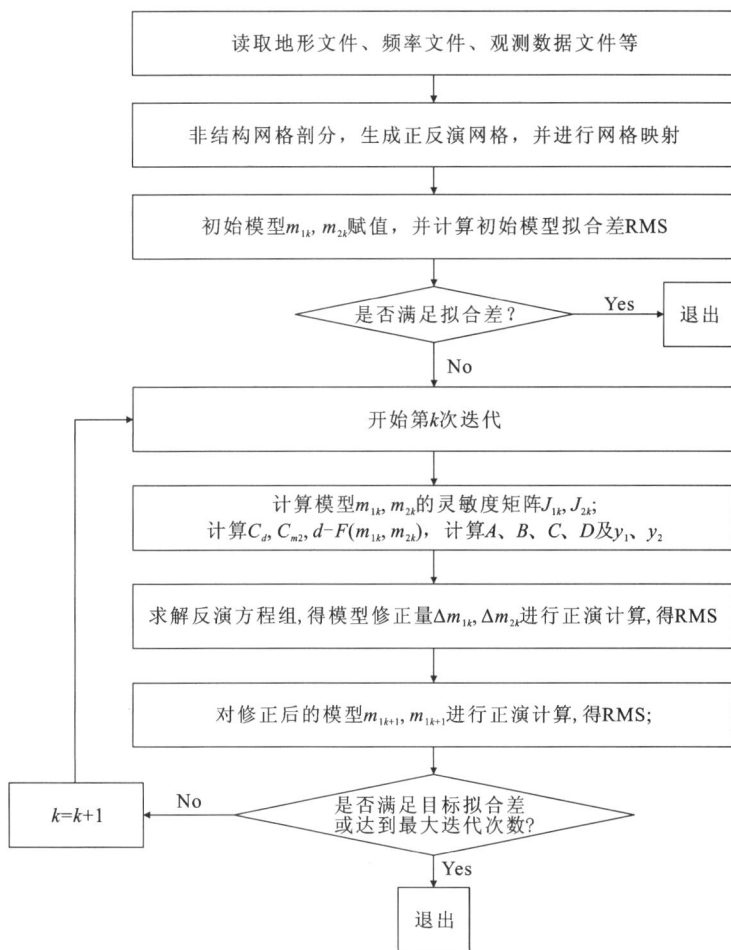

```
┌─────────────────────────────────────────┐
│   读取地形文件、频率文件、观测数据文件等      │
└─────────────────────────────────────────┘
                    ↓
┌─────────────────────────────────────────┐
│   非结构网格剖分，生成正反演网格，并进行网格映射 │
└─────────────────────────────────────────┘
                    ↓
┌─────────────────────────────────────────┐
│  初始模型 m₁ₖ, m₂ₖ 赋值，并计算初始模型拟合差RMS │
└─────────────────────────────────────────┘
                    ↓
            ◇ 是否满足拟合差？ ◇ ── Yes ──→ 退出
                    │ No
                    ↓
┌─────────────────────────────────────────┐
│               开始第k次迭代                 │
└─────────────────────────────────────────┘
                    ↓
┌─────────────────────────────────────────┐
│  计算模型 m₁ₖ, m₂ₖ 的灵敏度矩阵 J₁ₖ, J₂ₖ;       │
│  计算 Cₐ, Cₘ₂, d−F(m₁ₖ, m₂ₖ), 计算A、B、C、D及y₁、y₂ │
└─────────────────────────────────────────┘
                    ↓
┌─────────────────────────────────────────┐
│ 求解反演方程组，得模型修正量Δm₁ₖ, Δm₂ₖ进行正演计算，得RMS │
└─────────────────────────────────────────┘
                    ↓
┌─────────────────────────────────────────┐
│  对修正后的模型 m₁ₖ₊₁, m₁ₖ₊₁ 进行正演计算，得RMS; │
└─────────────────────────────────────────┘
                    ↓
  k=k+1 ←── No ── ◇ 是否满足目标拟合差 ◇
                   ◇ 或达到最大迭代次数？ ◇
                           │ Yes
                           ↓
                         退出
```

图 4 - 3　基于 GN 算法的多参数同步反演流程图

4.3　理论模型反演

本节我们对 4.2 节所述的多参数同步反演算法进行理论模型测试，分析反演算法的正确性，同时探讨不同参考频率 ω_0 及权重因子 λ、γ 的选择对反演结果的影响。

4.3.1 理论模型及反演数据的生成

理论模型如图 2−8 所示，均匀半空间中赋存一矩形异常体，背景电阻率为 10000 Ω·m，相对介电常数 $\varepsilon_r = 5$；矩形异常体电阻率为 1000 Ω·m，相对介电常数 $\varepsilon_r = 1$。计算时，空气层的电阻率为 1.0×10^{16} Ω·m。图 4−4 为反演网格剖分示意图，为保证计算精度，对正演响应的计算采用较密的网格剖分。网格剖分范围为 $x \in [-5 \text{ km}, 5 \text{ km}]$，$z \in [-5 \text{ km}, 5 \text{ km}]$，总节点数为 17945，单元数为 35626。网格剖分在测点附近进行了加密，以保证计算精度。正演计算频点数为 25，从 1 kHz 到 251 kHz，每个数量级上对数等间距分布 25 个频点。测点从 −500 m 到 500 m，间距为 50 m，总测点数为 21 个。对所有频点均进行 TE 和 TM 模式计算，总耗时为 28.43 s。得到所有视电阻率和相位数据后，我们对理论响应数据添加 2% 的高斯噪声作为反演数据，反演数据量 $N = 25 \times 21 \times 4$。

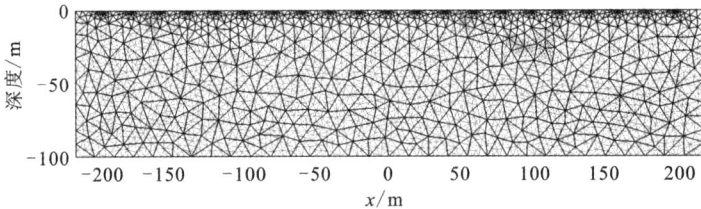

图 4−4　反演网格剖分示意图，其中黑线为反演网格，灰线为加密的正演网格

4.3.2 参考频率的选取

从 4.2.2 节的相对电导率的定义可看出，相对电导率的大小随着参考频率的变化而改变，进一步而言，参考频率直接影响观测数据对相对电导率的灵敏度的大小（如附录 A1−3 所示）。为此，我们有必要研究参考频率的选取对反演过程的影响。为简单起见，在研究参考频率时我们令 λ 和 γ 均为零，即忽略模型拟合项，同时令 C_d^{-1} 等于单位矩阵 I。经过上述简化后，式 (4−5) 左端的系数矩阵可表示为：

$$\begin{bmatrix} J_{1k}^{\mathrm{T}} J_{1k} & J_{1k}^{\mathrm{T}} J_{2k} \\ J_{2k}^{\mathrm{T}} J_{1k} & J_{2k}^{\mathrm{T}} J_{2k} \end{bmatrix} \tag{4−15}$$

由于参考频率的大小只影响 J_{2k}，因此式 (4−15) 中 $J_{1k}^{\mathrm{T}} J_{1k}$ 与参考频率无关。

图 4−5 为三个不同参考频率下计算得到的系数矩阵。系数矩阵的维数为 $2M^{\mathrm{INV}} \times 2M^{\mathrm{INV}}$，各个子图的横纵坐标取系数矩阵的角标，图 4−5 符号 S1、S2、S3、S4 分别表示系数矩阵的左上部分 $J_{1k}^{\mathrm{T}} J_{1k}$、右上部分 $J_{1k}^{\mathrm{T}} J_{2k}$、左下部分 $J_{2k}^{\mathrm{T}} J_{1k}$ 和右下部分 $J_{2k}^{\mathrm{T}} J_{2k}$。图 4−5(a) 中参考频率 $\omega_0 = 10$ kHz，由于参考频率较小，使得系数矩

阵中 S4 的数值小于 S1，也就是说 ε_r 对观测数据的贡献更大；图 4 - 5(b) 中参考频率 $\omega_0 = 50.1$ kHz，在这个参考频率下，系数矩阵中 S4 的数值和 S1 相当，也就是说此时 ε_r 和 σ_r 对观测数据的贡献差不多；而图 4 - 5(c) 中，当参考频率 $\omega_0 = 100$ kHz 时，系数矩阵中 S4 的数值要大于 S1，这意味着此时 σ_r 对观测数据的贡献更大。

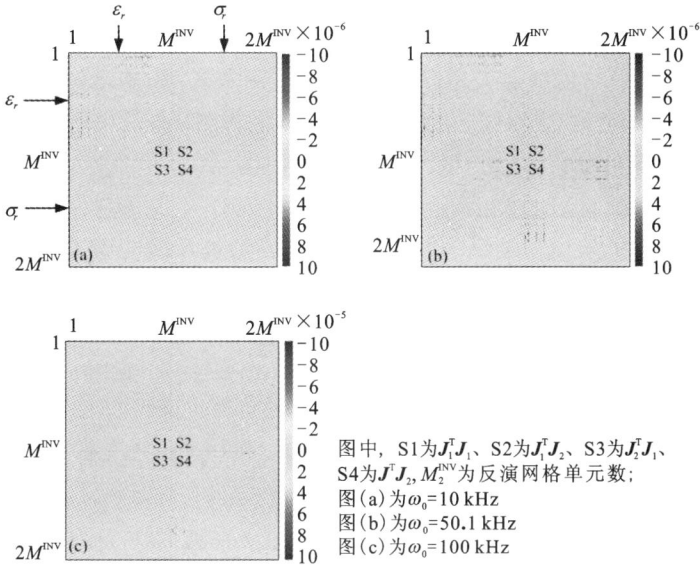

图中，S1 为 $\boldsymbol{J}_1^{\mathrm{T}}\boldsymbol{J}_1$、S2 为 $\boldsymbol{J}_1^{\mathrm{T}}\boldsymbol{J}_2$、S3 为 $\boldsymbol{J}_2^{\mathrm{T}}\boldsymbol{J}_1$、S4 为 $\boldsymbol{J}^{\mathrm{T}}\boldsymbol{J}_2$，$M^{\mathrm{INV}}$ 为反演网格单元数；
图(a) 为 $\omega_0 = 10$ kHz
图(b) 为 $\omega_0 = 50.1$ kHz
图(c) 为 $\omega_0 = 100$ kHz

图 4 - 5　不同参考频率的选取对反演系数矩阵的影响

从反演的角度来看，我们通过引入相对电导率的概念就是希望使双参数 ε_r 和 σ_r 对观测数据的影响相当，避免某一参数的影响被掩盖，从而保证双参数反演迭代能够进行。根据图 4 - 4 的结果，我们进一步从更直观的角度研究不同参考频率 ω_0 对反演结果的影响。为了避免其他反演参数对结果的影响，在反演中我们令 λ 和 γ 均为零，即忽略模型拟合项，同时令 $\boldsymbol{C}_d^{-1}$ 等于单位矩阵 $\boldsymbol{I}$，经过这一假设后，式(4 - 5) 的反演方程组可简化为：

$$\begin{bmatrix} \boldsymbol{J}_{1k}^{\mathrm{T}}\boldsymbol{J}_{1k} & \boldsymbol{J}_{1k}^{\mathrm{T}}\boldsymbol{J}_{2k} \\ \boldsymbol{J}_{2k}^{\mathrm{T}}\boldsymbol{J}_{1k} & \boldsymbol{J}_{2k}^{\mathrm{T}}\boldsymbol{J}_{2k} \end{bmatrix} \cdot \begin{bmatrix} \Delta\boldsymbol{m}_1 \\ \Delta\boldsymbol{m}_2 \end{bmatrix} = \begin{bmatrix} \boldsymbol{J}_{1k}^{\mathrm{T}}[\boldsymbol{d} - \boldsymbol{F}(\boldsymbol{m}_{1k}, \boldsymbol{m}_{2k})] \\ \boldsymbol{J}_{2k}^{\mathrm{T}}[\boldsymbol{d} - \boldsymbol{F}(\boldsymbol{m}_{1k}, \boldsymbol{m}_{2k})] \end{bmatrix} \tag{4 - 16}$$

附彩图 8 为在上述简化后的情况下不同参考频率的同步反演结果。三个参考频率分别取 10 kHz、50.1 kHz 和 100 kHz，反演迭代次数均为 15 次，最终三个参考频率下的数据拟合差分别为 0.113、0.10 和 0.097，反演迭代总耗时分别为 6266 s、6322 s、6223 s。反演网格仍采用非结构的双网格，经网格剖分后的反演网格数为 3605，正演网格数为 11905。网格剖分如图 4 - 4 所示，其中黑线为反演网格，灰线为正演网格，网格映射耗时 11.45 s。反演的初始模型取背景电阻率

10000 $\Omega \cdot m$ 和相对介电常数5。附彩图 8(a)~附彩图 8(c) 是参考频率分别取 10 kHz、50.1 kHz 和 100 kHz 时反演得到的电导率分布图,从图中可看出,当参考频率 ω_0 为 10 kHz 时,反演结果无法得到异常电导率分布信息[附彩图 8(a)],这是因为参考频率较小时会降低相对电导率的灵敏度,使得每次反演迭代中电导率的改变非常微弱,进而无法得到异常信息;当 ω_0 增加到 50.1 kHz 时,电导率异常有所显示,但是异常仍不太明显[附彩图 8(b)];而当参考频率增至 100 kHz 时,电导率异常分布位置和大小均能准确地反演出来[附彩图 8(c)],这是因为较大的参考频率增加了相对电导率的灵敏度。附彩图 8(d) 为参考频率为 100 kHz 时反演得到的相对介电常数分布,这里仅给出 100 kHz 下的相对介电常数反演结果是因为介电常数灵敏度大小不受参考频率的影响,不同参考频率反演得到的介电常数分布类似。从反演结果来看,相对介电常数的反演能够准确地区分出异常体的上下边界,但是对左右边界区分度不够。

综上分析,我们可得到以下结论:在双参数反演中,平衡两个参数对观测数据的贡献对反演结果至关重要。若反演参数选取为 ε_r 和 σ,由于 σ 的灵敏度远远大于 ε_r(相差几个数量级),在反演过程中会更多地进行 σ 的修正,而 ε_r 几乎不变,因而无法得到正确的反演结果;若反演参数选取为 ε_r 和 σ_r,由于 σ_r 的灵敏度与 ω_0 成正比,因此 ω_0 的选取对反演结果影响很大,从图 4-6 的算例中可看出,ω_0 的选择至少要保证 σ_r 对观测数据的贡献大于或等于 ε_r 才能得到正确的反演结果。同时,考虑到 RMT 数据对电导率参数的依赖程度更高,因此在实际中取略大的 ω_0,使 σ_r 的贡献略大于 ε_r 才能够得到更为合理的反演结果。

4.3.3 反演结果分析

在 4.3.2 节的基础上,本节讨论正则化因子 λ 和 γ 的选取对反演结果的影响,并对双参数反演效果进行探讨。

我们首先测试不进行参数变换的同步反演效果。反演数据为 4.3.1 节中所给数据,反演网格如图 4-5 所示,反演初始模型为电阻率为 10000 $\Omega \cdot m$ 和相对介电常数为5的均匀半空间。图 4-6 为不进行参数变换情况下得到的反演结果,即反演双参数直接取为 $\lg \rho$ 和 ε_r,反演迭代 15 次总耗时 6530 s,最终数据拟合差 RMS 为 4.2%,反演迭代时不考虑模型约束项,同时令数据权重 $C_d^{-1} = I$。图 4-6(a) 为电阻率反演结果,从图中可看出同步反演能够准确地反演出电阻率的异常位置和大小;图 4-6(b) 为同步反演得到的相对介电常数模型,反演结果无法反映出介电常数异常,这是因为观测数据对电阻率的灵敏度远远大于介电常数,从而在反演迭代步中侧重于电阻率参数的修正,而相对介电常数几乎不变,因而最终相对介电常数分布仍与初始模型相当。图 4-7 为反演方程组的系数矩阵,图中显示 S1 区域的数值远大于 S4 区域,也就是说相对介电常数对观测数据的贡献远不及电阻率，因此介电常数在反演迭代中几乎无变化。

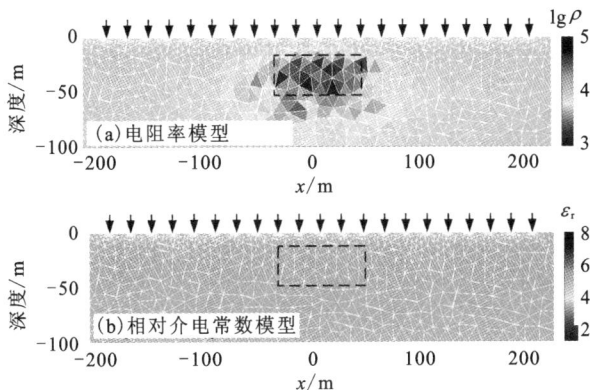

图 4 - 6　对数电阻率和相对介电常数同步反演结果

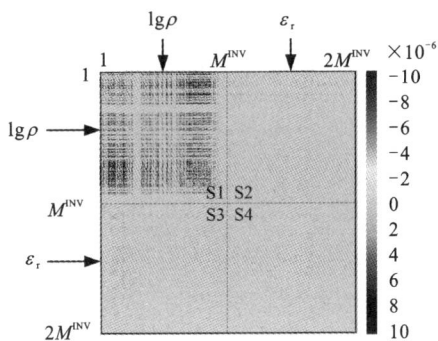

图 4 - 7　$\lg\rho$ 和 ε_r 同步反演时的系数矩阵

其中 S1 区域为 $\boldsymbol{J}_1^{\mathrm{T}}\boldsymbol{J}_1$，$\boldsymbol{J}_1$ 是观测数据对 $\lg\rho$ 的灵敏度；S4 区域为 $\boldsymbol{J}_2^{\mathrm{T}}\boldsymbol{J}_2$，$\boldsymbol{J}_2$ 是观测数据对 ε_r 的灵敏度；S2 和 S3 区域分别为 $\boldsymbol{J}_1^{\mathrm{T}}\boldsymbol{J}_2$ 和 $\boldsymbol{J}_2^{\mathrm{T}}\boldsymbol{J}_1$

　　接着，我们研究权重因子 λ 和 γ 的选择对反演结果的影响。从附彩图 8 中可看出，当令 λ 和 γ 均为零时，得到的相对介电常数模型左右边界分辨率较差，为此，我们对目标函数增加介电常数约束。图 4 - 8 为考虑介电常数模型约束的反演结果，反演迭代次数为 15 次。图 4 - 8(a) ~ 图 4 - 8(h) 分别为 λ 取 5、0.5、0.05 和 0.005 时得到的电导率和相对介电常数模型。从图中可看出，当 λ 取 5 时，能够反演出电导率和相对介电常数异常，但是异常数值非常小，电导率为 $0.95 \sim 1.05 \times 10^{-4} \ \Omega \cdot \mathrm{m}$，相对介电常数为 4 ~ 6，这是因为当 λ 取值较大时，反演迭代步长很小，收敛速度很慢，因而在 15 次迭代后无法显著地突出异常；当 λ 取 0.5 时，反演结果能够准确地反映出电导率和相对介电常数异常，从图 4 - 8(c) 中可看出反演得到的电导率模型与附彩图 8(c) 类似，而图 4 - 8(d) 中经过对相对介电常数进行模型约束后，发现反演得到的相对介电常数模型的边界分辨率较附彩图8(d)有所提高；当 λ 取0.05或更小的0.005时，虽然电导率异常有所反映，但是相对介电常数的反演结果完全是失败的，尽管在这两种情况下模型正演结果与观测数据具有更小的拟合差(如图4-9所示)。

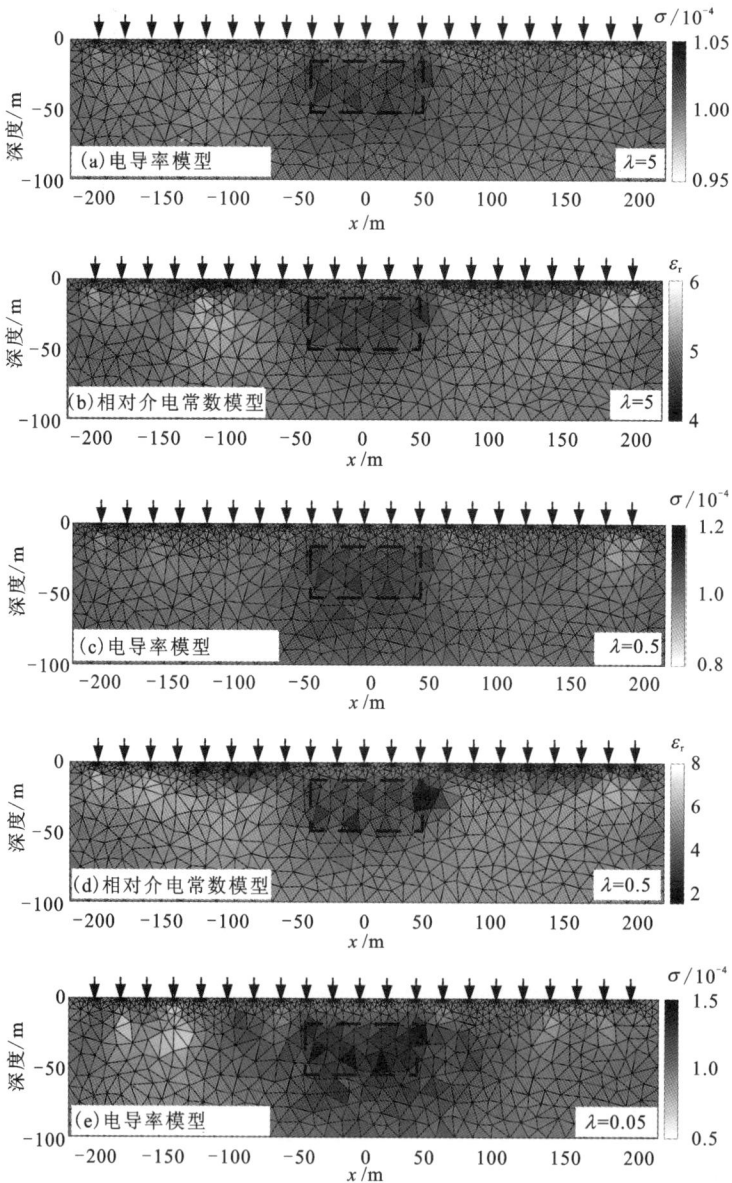

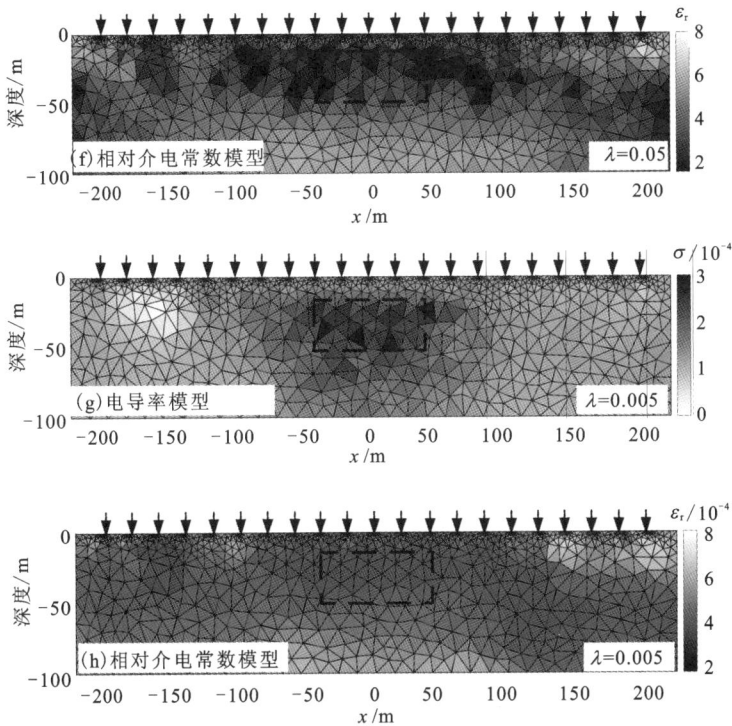

图 4 – 8 考虑介电常数模型约束的反演结果

图(a)～图(b)是 $\lambda=5$ 时反演得到的 σ 和 ε_r 模型;图(c)～图(d)是 $\lambda=0.5$ 时反演得
到的 σ 和 ε_r 模型;图(e)～图(f)是 $\lambda=0.05$ 时反演得到的 σ 和 ε_r 模型;图(g)～
图(h)是 $\lambda=0.005$ 时反演得到的 σ 和 ε_r 模型

综上所述,相对介电常数模型约束的权重因子 λ 的取值既不能过大,使得收
敛速度非常缓慢(图 4 – 9 中 $\lambda=5$ 的曲线),在合理的迭代步中无法突显出异常
体,同时,λ 的取值也不能太小,虽然当 λ 取值很小时会得到更小的数据拟合差,
但是,过小的 λ 使得反演结果不可靠,甚至是错误的。

图 4 – 10 和 4 – 11 分别为 λ 取 0.5,γ 分别取 0.1 和 0.01 时 ε_r 和 σ_r 同时反
演的结果。反演迭代次数均为 15 次。从图中可看出,不同 γ 的取值影响电导率
反演模型分布,而相对介电常数模型无明显差异,这是因为介电常数的模型目标
函数权重 λ 相同;当 γ 取值较大时,电导率模型在异常体上方出现了高阻异常,
且数据拟合差无法稳定收敛;而当 γ 相对较小时,电导率模型能够准确反演出异
常体,同时数据拟合差也逐步收敛。此外,我们也测试了 γ 取 0.001 和 0.0001 时
的反演结果,得到的模型分布与图 4 – 11 类似。

根据前面的对比分析及诸多测试,在对 ε_r 和 σ_r 同时进行反演时,一般情况

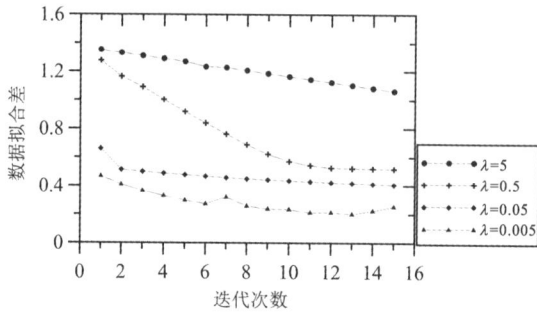

图 4 - 9 λ 取不同值时得到的反演迭代收敛曲线

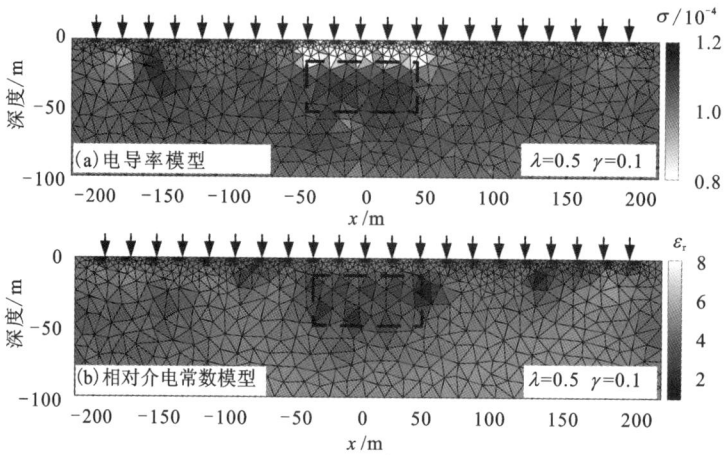

图 4 - 10 $\lambda = 0.5$, $\gamma = 0.1$ 时 ε_r 和 σ_r 同时反演结果

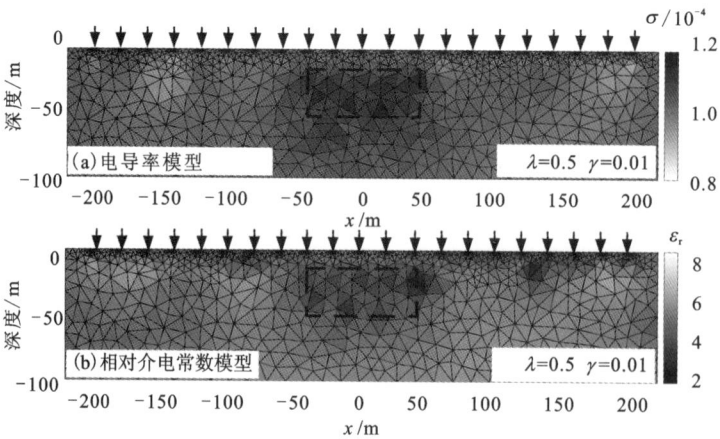

图 4 - 11 $\lambda = 0.5$, $\gamma = 0.01$ 时 ε_r 和 σ_r 同时反演结果

下选取 λ 为 $\boldsymbol{J}_2^{\mathrm{T}}\boldsymbol{J}_2$ 的最大特征值，γ 为 $\boldsymbol{J}_1^{\mathrm{T}}\boldsymbol{J}_1$ 的最大特征值能够得到较为合理的结果。

4.4　其他算例

在本节中，笔者通过对更多的理论模型进行反演计算来验证所开发的程序的正确性。所有理论模型反演计算中，均对理论模型的正演响应添加 2% 的高斯噪声生成反演数据。反演初始模型为均匀半空间，测点采用下三角表示，所有算例的计算频点均为 25 个，从 1 kHz 到 251 kHz 对数等间距分布。

4.4.1　低阻高极化模型

本算例为理论模型反演算例。理论模型为山谷下方存在一低阻高极化异常体，异常体位于 $x \in [-100, 100]$，$z \in [-130, -180]$ 处，山脊背景电阻率为 10000 $\Omega \cdot$ m，相对介电常数为 5，异常体电阻率为 5000 $\Omega \cdot$ m，相对介电常数为 30。对该模型在 TE/TM 模式的 25 个频点进行正演计算，计算得到的视电阻率和相位添加 2% 的高斯噪声作为反演数据，总反演数据量为 2500。

图 4-12 为反演中的双网格剖分示意图，反演网格单元数为 5322，正演网格单元数为 20126。附彩图 9 为相对电导率-相对介电常数同步反演结果。初始模型取背景电阻率和介电常数值。附彩图 9(a) 和附彩图 9(b) 分别为迭代 15 次后的双参数反演得到的电导率分布和相对介电常数分布，参考频率 $f_0 = 100$ kHz，λ 和 γ 分别取 0.5 和 0.1，总计算耗时 16788 s。附彩图 9(c) 为迭代 12 次后得到的电阻率单参数反演结果，反演中相对介电常数固定为 1，初始正则化因子 λ 为 50，然后在每个迭代步中以 0.7 的倍数衰减。从附彩图 9(a) 中可看出，双参数反演得到的

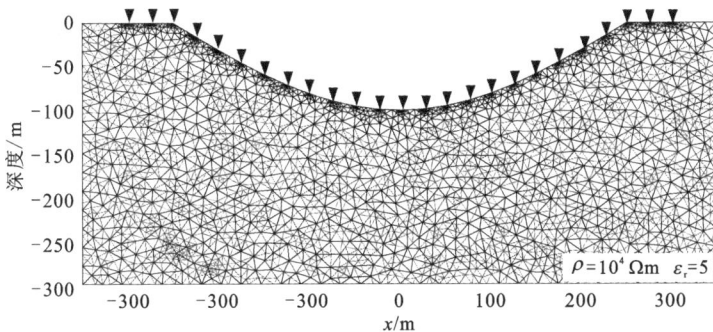

图 4-12　反演网格剖分示意图，其中黑线为反演网格，灰线为加密的正演网格

电导率分布与理论模型吻合得很好，准确地反演出低阻体的位置；附彩图9（b）中双参数反演得到的相对介电常数分布能够反映出地下的高介电异常体，但是对异常体的边界区分不够明显；附彩图9（c）中，由于理论模型的电阻率差异不大，单参数的电阻率反演在地表浅部出现了小范围的低阻异常，低阻体下方出现了高阻异常，这与理论模型出现了较大的出入。该算例表明在地下电阻率差别不太明显的区域，双参数的反演在一定程度上能够提高反演准确性。

4.5 本章小结

本章实现了基于非结构双网格的多参数同步反演程序。从第 2 章的 RMT 正演模拟算例中可看出，位移电流在高阻背景下或起伏明显的地形中会对正演响应带来不可忽视的影响，也就是说，实际中观测数据是由地下电阻率和相对介电常数共同决定的，因此采用传统的单参数电阻率反演来拟合观测数据是存在一定偏差的。为此，本章研究了多参数同步反演算法。

首先，为了能够处理复杂地形，本章中仍采用非结构的双网格。然后，通过定义参考频率，提出了相对电导率的概念，确保双参数对正演响应的灵敏度相当，进而保证反演迭代能够稳定收敛；构建了双参数目标函数，包括数据拟合项、相对电导率模型拟合项、相对介电常数模型拟合项，讨论了模型正则化因子的选取。最后通过理论模型算例研究了各种参数对反演结果的影响，得出如下结论：（1）参考频率 ω_0 的选择应以统一相对电导率和相对介电常数的灵敏度为目的，考虑到 RMT 数据对电导率参数的依赖程度更高，因此在实际中取略大的 ω_0，使 σ_r 的贡献略大于 ε_r 能够得到更为合理的反演结果。（2）相对介电常数模型约束的权重因子 λ 的取值既不能过大，使得收敛速度非常缓慢，在合理的迭代步中无法突显出异常体，同时，λ 的取值也不能太小，因为过小的 λ 使得反演结果不可靠，甚至是错误的。（3）相对电导率模型约束的权重因子 γ 取为 0 或者较小的值都可得到合理的反演结果，但是 γ 不能取值过大，这会导致反演无法稳定收敛。

由于实际观测数据是由地下介质的多种电性参数共同作用产生的，因此从理论上来说，双参数（或多参数）反演相比单参数反演更为合理。然而，在相同的观测数据下，双参数反演待求解的未知模型参数个数是单参数的 2 倍，这就增加了反演的非唯一性。因此，在实际应用中，建议先进行单参数的电阻率反演，然后再进行双参数反演，综合对比分析来降低反演的多解性。

第 5 章　RMT 实测数据反演算例

5.1　挪威 Smørgrav 市某区域流黏土勘探

5.1.1　地质作用与区域地质背景

流黏土(quick clay)是存在于北美洲和斯堪的纳维亚沿海区域的一种结构不稳定的黏土。它通常是由海洋中的海相黏土经过一系列地质作用演变而成,其地质演变过程为:在海洋环境中,沉积的黏土通常是富含水的高孔隙结构,由于海洋中的 Na^+、K^+ 与黏土表面的负电荷相互平衡从而形成双电层结构,这使得海洋中的黏土得以聚集,形成海相黏土。在最后一次冰期末期(即更新世末期),由于地壳均衡抬升,北美洲和斯堪的纳维亚沿海区域的海相黏土逐渐移出海面。在移出海面的过程中,由于海相黏土从海洋环境逐渐向淡水环境过渡,那么可能会有大量的盐分随着黏土孔隙中的水流出,这就降低了黏土之间的黏连性,使其更容易受到外力作用而改变。雨水的渗透、地下水的冲击以及碎石砂砾泥浆等会对浮出海面的黏土产生淋滤作用,对流黏土的构造进一步改变,与此同时,淋滤作用可能使原本就不稳定的流黏土产生滑坡,滑坡过程中会使得大量的孔隙水从流黏土中移出,使得流黏土结构重新稳定。

如图 5-1 所示,研究区域位于挪威首都 Oslo 西南方向 55 km 的 Smørgrav 市,其中深灰色区域为挪威已探明的流黏土分布,其中大部分的流黏土分布在河流及湖泊周围。在冰川消融后,也就是约 11000 年前,挪威东南部经历了一次很大的地壳均衡抬升。在 Smørgrav 市,冰期后最高海平面大约比现在高 150m。因此在挪威形成了特有的流黏土构造。挪威地质调查局将 Smørgrav 市大约 1.5 km 的范围评定为流黏土滑坡高危地区(http://www.skrednett.no)。Smørgrav 市最近一次流黏土滑坡发生在 1984 年,就位于测区西南方 250 m 处。

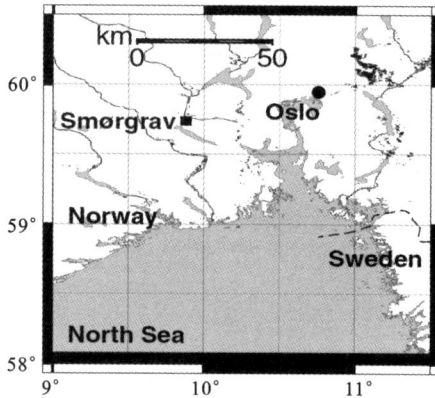

图 5 - 1　研究区域

（据 Kalscheuer et al. , 2013）

5.1.2　区域观测数据

早期已有学者采用不同的地球物理方法对 Smørgrav 地区进行了研究。Donohue 在该地区采集了温纳装置的直流电、频域电磁及地震数据，同时进行了大量的钻孔和采样实验，并对综合地球物理数据进行了解释（Donohue et al. , 2012）。此后，Kalscheuer 采集了中梯装置的直流电、CSAMT 和 RMT 数据，并进行了联合反演研究（Kalscheuer et al. , 2013）。图 5 - 2 给出了不同地球物理数据的测线及测点分布，其中灰色和黑色实线分别为温纳装置和中梯装置的测线，黑色方框为 RMT/CSAMT 测点，其余散点为钻孔及测井点。

Kalscheuer et al. （2013）对 DCR/RMT/CSAMT 进行了联合反演研究，通过与早期反演结果和地质资料的对比，证明了反演结果的可靠性。然而需要指出的是，他们的文献中通过建立带地形的均匀介质模型进行正演模拟，得出该测区地形对观测数据影响较小，因此反演采用矩形网格剖分的平地形反演程序。但是，由于 RMT 本身是研究数十米内的地下构造信息，该测区测点最大高程达到 24 m，因此，我们认为有必要进一步对该地区进行带地形反演，以期得到更为准确的资料处理结果。

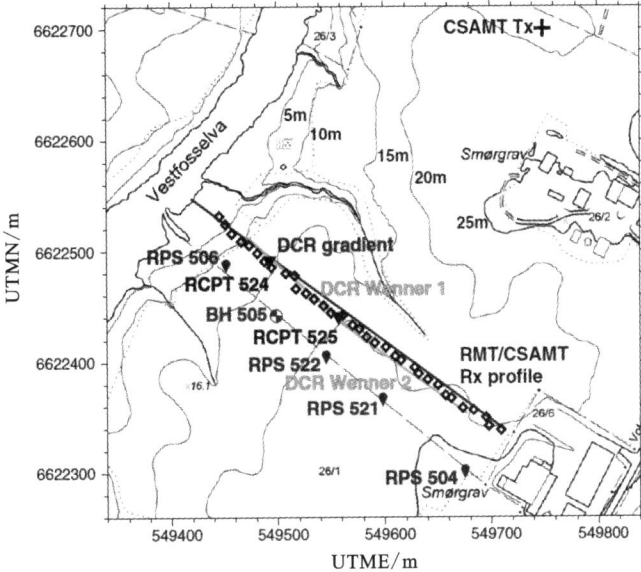

图 5 - 2　研究区域的测线及测点分布图

(据 Kalscheuer et al. , 2013)

　　本书中的观测数据采用 Kalscheuer 采集的 RMT/CSAMT 数据。RMT 数据的采集频率为 14 kHz ~ 226 kHz，共 34 个测点。为了能够探测到更深的范围，Kalscheuer 在 2 kHz ~ 12.5 kHz 采集了 6 个频点的 CSAMT 数据。如果要采用 RMT 程序来反演 CSAMT 数据，一定要保证观测数据位置离发射源很远(远区)，从而电磁场可认为是垂直入射的平面电磁波，否则就会得到错误的反演结果。Kalscheuer et al. (2013)的文献中对 CSAMT 数据进行了研究，发现 CSAMT 数据曲线能够和 RMT 数据光滑衔接，即源的影响可忽略。因此，本书采用 RMT 反演程序对 RMT/CSAMT 数据进行反演。综上所述，观测数据剖面长 324m，共有 34 个测点，15 个频点(2 kHz ~ 226 kHz)。反演数据为行列式阻抗(determinant impedance)的视电阻率和相位。根据张量阻抗表达式：

$$\begin{bmatrix} E_x \\ E_y \end{bmatrix} = \begin{bmatrix} Z_{xx} & Z_{xy} \\ Z_{yx} & Z_{yy} \end{bmatrix} \begin{bmatrix} H_x \\ H_y \end{bmatrix} \tag{5.1}$$

其中 E_x、E_y、H_x、H_y 分别为水平方向的电场和磁场 x、y 分量。我们可以得到行列式阻抗的表达式：

$$Z_D = \sqrt{Z_{xx}Z_{yy} - Z_{xy}Z_{yx}} \tag{5.2}$$

　　由于在 2D 情况下，阻抗 $Z_{xx} = Z_{yy} = 0$，因此 Z_D 为 TE/TM 模式阻抗的几何平

均值。在野外实际测量中，无法准确判断构造走向，而行列式阻抗 Z_D 具有旋转不变性，因此我们采用行列式阻抗的视电阻率和相位进行实测数据反演。

图 5-3 为实测的行列式阻抗视电阻率和相位断面图，其中 2 kHz ~ 12.5 kHz 为 CSAMT 数据，14 kHz ~ 226 kHz 为 RMT 数据。从图中可看出，在 $x \in (50, 100)$ 和 $x \approx 200$ m 两处实测的视电阻率及相位数据在整个频段都出现了断节的现象，Kalscheuer et al. (2013) 的文献中指出，在 $x \in (50, 100)$ 处，存在地下电缆，而在 $x \approx 200$ m 有地下防护网，因而这两处附近采集的数据受到较大的污染。在反演前，我们对这两处的测点数据进行了删除，即删除了污染源附近的 6 个测点，因此，在后续反演中，总观测数据 N 为 $28 \times 15 \times 2$。15 个频点为：2000，4000，6250，8000，10000，12500，14142.14，20000，28284.27，40000，56568.54，80000，113137.1，160000，226274.2；经过删除后的 28 个设计测点为：-40，-30，-20，-10，0，10，20，30，40，100，110，120，130，140，150，160，170，180，190，210，220，230，240，250，260，270，280，290。由于实际测点位置与设计位置稍有偏差，在反演前，我们将实测点位置垂直映射到同一直线上。

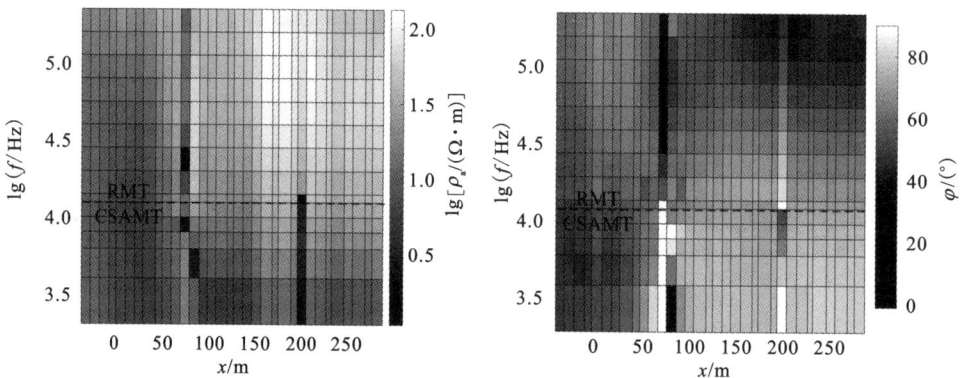

图 5-3 Smørgrav 地区实测 RMT/CSAMT 数据

5.1.3 实测数据反演

本节对 5.1.2 节中给出的实测数据进行反演。经过删除后的总测点数为 28，测量频点数为 15。图 5-4 为测点分布及反演网格剖分示意图，其中黑色线条为反演粗网格，灰色线条为正演密网格，下三角表示测点位置，对 $x \in (50, 100)$ 和 $x \approx 200$ m 处的 6 个测点进行删除。反演网格的总节点数为 3058，单元数为 6073；反演中进行正演计算的网格节点数为 15746，单元数为 31346。反演初始模型是电阻率为 100 $\Omega \cdot$ m 的均匀介质，反演中地下相对介电常数始终为 1。

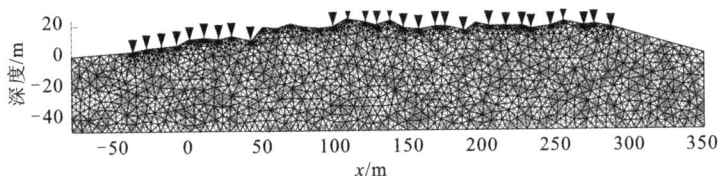

图 5 - 4　测点分布及反演网格剖分示意图

其中黑线为反演粗网格，灰线为正演密网格，三角表示测点位置

　　图 5 - 5 为带地形的 RMT 反演结果，图中下三角表示测点位置，反演模型是以 10 为底的对数电阻率值。反演中初始正则化因子为 50，每次迭代后以 0.7 的倍数衰减。反演迭代次数为 15 次，拟合差 RMS 为 0.135，反演总耗时 9797s。首先，反演结果在剖面的右端有两处明显的高低阻异常，在 $x \in (150, 300)$，$y \approx 0$ m 的地方出现了带状高阻异常，高阻异常体的电阻率达到将近 $1000\ \Omega \cdot m$；在高阻体下方 $x \in (100, 250)$，$y \in (-20, -10)$ 的地方出现了超低阻异常，异常体电阻率只有几欧姆米。其次，反演结果中还出现了部分细节构造，在超低阻异常的周围以及 $x \in (-50, 50)$ 的测点下方出现了次低阻构造，该构造电阻率大约为数十欧姆米。

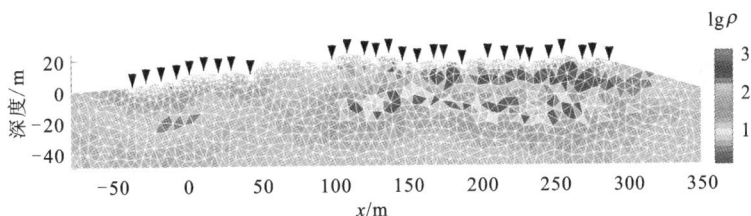

图 5 - 5　考虑位移电流的带地形 RMT 反演结果

　　图 5 - 6 为反演迭代收敛曲线。从图中可看出，反演迭代在前几步收敛速度很快，随后逐渐稳步光滑地下降，表明反演过程是稳定可靠的。图 5 - 7 和图 5 - 8 分别为反演迭代 15 次后得到的电阻率模型正演响应与观测数据的视电阻率及相位拟合曲线。从视电阻率拟合曲线可看出，在高频段所有测点的模型正演响应与观测数据拟合得很好；而在低频段，只有个别测点的正演响应与观测数据稍有偏差，但是整个曲线的变化趋势都是吻合的。相位曲线的拟合程度较视电阻率稍差，但是除了个别测点外，整体拟合度还是可接受的。因此我们认为图 5 - 5 所示的反演结果是可信的。

　　附彩图 10 是对 28 个测点进行平地形反演的网格及反演结果。其中，

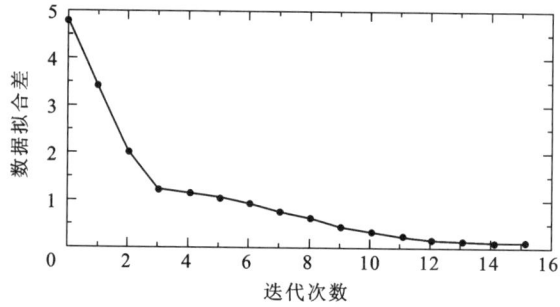

图 5-6 反演迭代收敛曲线

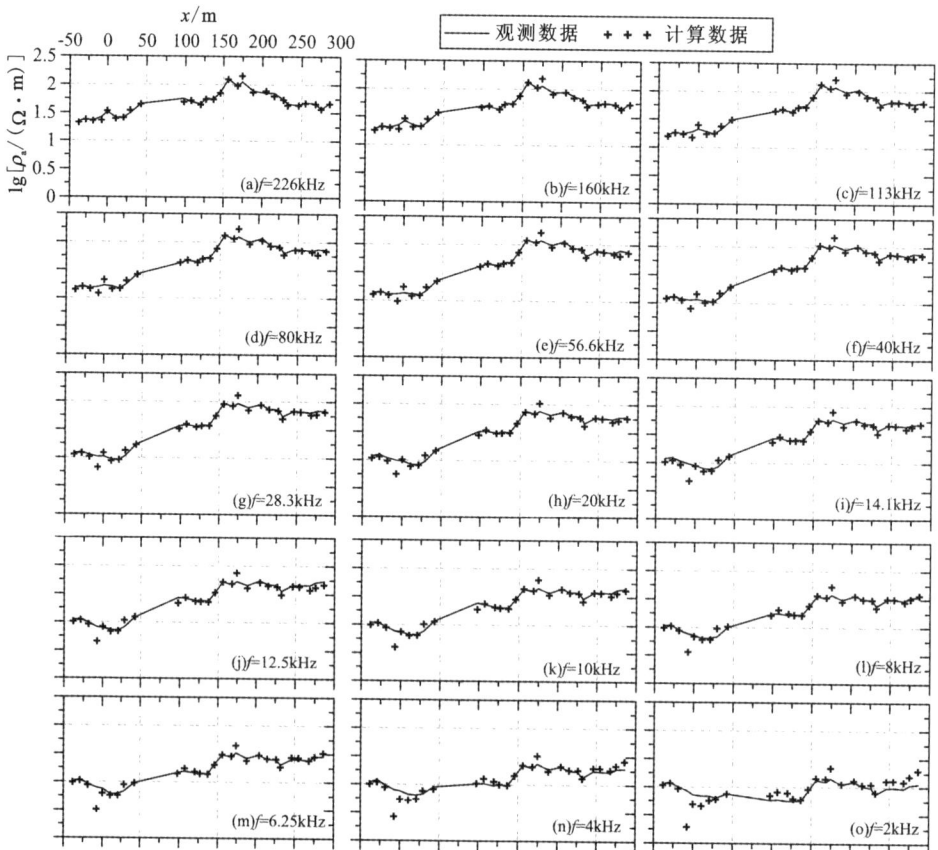

图 5-7 反演迭代 15 次后得到的模型正演响应与观测数据视电阻率拟合曲线

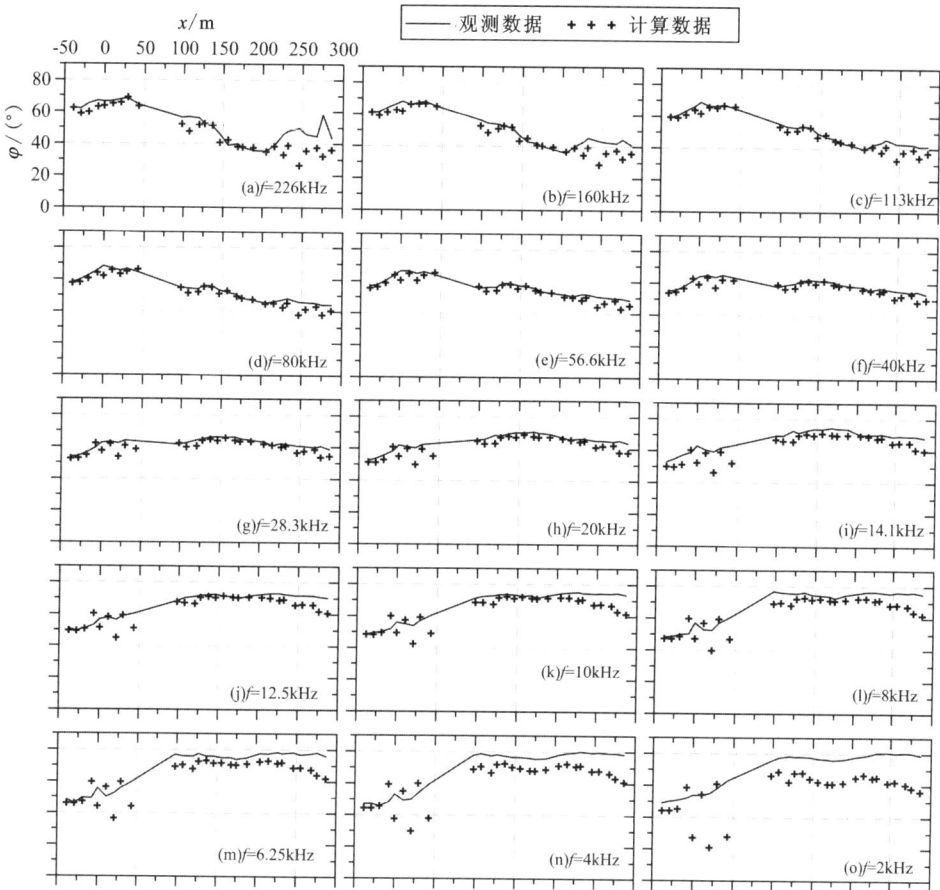

图 5 - 8　反演迭代 15 次后得到的模型正演响应与观测数据相位拟合曲线

　　附彩图 10(a)是平地形下反演双网格剖分示意图，图中黑色线条为反演粗网格，灰色线条为正演密网格，下三角表示测点位置。反演网格的总节点数为 3031，单元数为 6017；反演中进行正演计算的网格节点数为 14880，单元数为 29611。反演初始模型是电阻率为 100 Ω·m 的均匀半空间，反演中地下相对介电常数始终为 1。

　　附彩图 10(b)是采用本书非结构有限元反演程序，在不考虑地形情况下的反演结果。附彩图 10(c)是 Kalscheuer et al.（2013）的文献中采用有限差分程序得到的平地形反演结果。对比两个反演结果可看出，对于剖面右端的高、低阻体，两个反演结果中异常体的横向分布范围及埋深都能很好地吻合，高阻体埋深为 10m 左右，下方低阻体埋深约为 30m，且上方高阻体的电阻率均在 1000 Ω·m 左右，下方低阻体电阻率为 1 Ω·m 左右；在低阻体周围包围着电阻率约为 10 Ω·m 的次低阻区域[附彩图 10(b)中绿色区域及附彩图 10(c)中黄色区域]，对比附彩图 10(b)和附彩图 10(c)发现，次高阻区域整体分布范围类似，但是附彩图 10(b)中出现了间断而附彩图 10(c)中整个剖面上是成片的；此外，附彩图 10(b)中该次低阻区域的电阻率略高于 10 Ω·m，而附彩图 10(c)中该区域的电阻率略低于 10 Ω·m。从整体的异常分布来看，本书平地形反演结果与 Kalscheuer et al. (2013)的结果吻合得还是比较好的，说明本书反演是可靠的。

另外，对比附彩图 10(b)中的平地形反演与图 5-5 的带地形反演，发现二者只有在局部地方有非常细微的不同，而主要异常体的位置及分布是相似的。无论是否考虑地形，反演得到的异常体与地表的距离都是一致的，这也验证了 Kalscheuer et al. (2013)的文献中讨论的该实测数据反演可忽略地形这一说法是可信的。

5.1.4　地质解释

附彩图 11 是对观测数据进行带地形反演得到的资料解释结果。对于所有测点下方数米内的区域存在电阻率为 100 Ω·m 左右的浮土层；在 $x \in (130, 280)$，距地表 10 m 左右的地区出现了电阻率高达 1000 Ω·m 的构造，Kalscheuer et al. (2013)在该区域地表采集到部分石灰岩样本，因此认为该高阻区域可能为石灰岩构造；在 $x \in (110, 260)$，距离地表 20~25 m 深处有一超低阻构造，电阻率为 1 Ω·m 左右，根据挪威地质调查局的地质图，我们推断该处低阻构造可能是明矾片岩；在明矾片岩的周围出现了次低阻构造（附彩图 11 中绿色区域），该构造电阻率大约为几十欧姆米，推断可能是未经淋滤作用的海相黏土；在 $x = 0$，$y = -20$ m 处出现了较海相黏土电阻率稍高的构造，推断可能为流黏土构造。

5.2　本章小结

本章中，笔者采用所开发的反演软件进行了挪威某地的 RMT 实测数据反演。首先对该地区的地质背景进行了研究，介绍了基本的地质环境及地质演变过程；然后进行了反演数据准备，根据观测数据拟断面图对受噪声污染严重的数据进行了剔除；之后对反演数据进行了平地形反演，并将反演结果与他人文献中的结果进行了对比分析，考察本书所开发程序的正确性；此后，对观测数据进行了带地形反演，吻合良好的拟合曲线表明反演结果是可靠的；最后根据地质认识对反演模型进行了地质资料解释，得到如下结果：

（1）数米内的浅地表区域是电阻率为 100 Ω·m 左右的浮土层；

（2）在 $x \in (130, 280)$，距地表 10 m 左右的地区出现了电阻率高达 1000 Ω·m

的石灰岩构造;

（3）在 $x \in (110, 260)$，距离地表 $20 \sim 25$ m 深处有一电阻率为 1 $\Omega \cdot m$ 左右的超低阻构造，推断该处低阻构造可能是明矾片岩;

（4）在明矾片岩的周围出现了电阻率约为几十欧姆米的次低阻构造，推断可能是未经淋滤作用的海相黏土;

（5）在 $x = 0$，$y = -20$ m 处出现了较海相黏土电阻率稍高的构造，推断可能为流黏土构造。

第6章 总结与建议

6.1 研究内容及成果

本书内容属于电磁法数值模拟领域的研究前沿，主要研究内容包括以下三点：(1)基于非结构网格的全电流条件下 2D RMT 有限元正演计算；(2)非结构网格下快速的正反演网格生成及映射；(3)基于非结构双网格的 2D RMT 双参数同步反演算法。

在研究内容(1)中，首先推导了全电流条件下的 2D RMT 变分问题，然后采用有限单元法得到相应的有限元方程，最后通过数值算例讨论了位移电流对 RMT 正演模拟结果的影响，包括：均匀半空间下全电流响应表达式；2D 情况中 TM 模式下空气层厚度的选择；位移电流对起伏地形模型的影响规律；全电流情况下电磁场在空气中的传播规律。

在研究内容(2)中，作者研究了基于双网格的正反演网格生成及参数传递策略。首先通过非结构的三角形网格剖分生成较粗的反演网格，然后通过局部加密策略生成较密的正演网格，最后通过全局搜索实现正反演网格单元的对应关系，进而实现参数传递。本书所开发的非结构双网格程序具有很强的可移植性，能够应用于各类地球物理数据的 2D 反演中。

在研究内容(3)中，作者首先开发了基于 Gauss – Newton 算法的 2D RMT 反演程序，通过一起伏地形的复杂模型验证了双网格反演的正确性，并讨论了忽略地形后反演结果会产生极大的畸变；然后通过灵敏度分析重点研究了位移电流对 RMT 反演中压制浅地表局部高阻异常的作用。在传统单参数反演的基础上，本书研究了电阻率 – 介电常数双参数同步反演算法，重点研究了参数尺度变换，提出相对电导率的概念，统一了反演参数的灵敏度。在双参数反演中涉及到参考频率、双参数正则化因子的选取，文中通过大量实验给出了一般性的选择方案。

最后作者开发了非结构网格可视化程序，结合相应的反演输出文件可实现正反演双网格及反演结果的可视化。

6.2 研究特色

目前国际上 RMT 的数据处理多直接套用 MT 的正反演程序，降低了 RMT 数值模拟的精度，易导致冗余构造及错误的解释结果。对此，本书开发了全电流条件下的 RMT 正反演算法及程序，具有如下特色：

（1）开发了全电流条件下的 2D RMT 正演算法及程序，提高了 RMT 数值模拟精度；首次将非结构有限元法引入到 2D RMT 正演模拟中，不仅能够处理复杂模型，而且提高了计算效率。这是本书一大创新点。

（2）通过大量算例详细论述了全电流条件下电磁场的传播特性及响应规律，对比总结了 RMT 与 MT 的异同，提高了人们对 RMT 数据的认识水平。这是本书的第二个特色。

（3）开发了全电流条件下的 RMT 带地形反演算法及程序，提出了非结构的正反演双网格生成及映射策略，首次将非结构双网格应用于反演中，不仅保证了反演迭代步中高精度的正演计算，同时减小了不必要的反演耗时。通过灵敏度分析揭示了全电流反演能够抑制浅地表高阻冗余构造的原因，详细论证了全电流反演的有效性及必要性。这是本书又一特色。

（4）提出了一种全新的多参数同步反演算法，建立了关于电阻率和介电常数的二元目标函数，并进行二元极小化得到电阻率和介电常数耦合的反演方程组，进而得到多参数地质构造，提高了现有的资料处理与解释水平。多参数同步反演算法是本书的又一创新点。

（5）提出了相对电导率的概念，并通过大量的理论算例研究了双参数反演中参考频率、两个模型目标函数项权重因子的选取，提出了合理的选取方案，对双参数反演的实际应用具有较强的指导意义。

6.3　展望

本书笔者围绕二维情况下射频大地电磁法的正演模拟及反演成像进行了深入研究。对于正演模拟，笔者详尽地探讨了位移电流对 RMT 响应的影响，并开发了 RMT 全电流数值模拟软件，解决了传统准静态条件下 RMT 数值模拟精度低、误差大的问题。针对传统的电阻率单参数反演方法进行 RMT 数据反演会导致资料解释偏差甚至错误这一问题，笔者提出了相对电导率 – 介电常数双参数反演算法，从理论上而言更具可靠性，同时作者通过一些理论模型算例证明了该反演算法的可行性。然而，双参数反演中，未知量的加倍不仅会降低计算效率，同时加剧了反演结果的非唯一性及反演稳定性。为此，可考虑多数据联合反演、正则化因子的优化选取、模型约束及并行计算等措施进行进一步完善。

附彩图

(a) TE模式下Re(Z_{TE})误差

(b) TE模式下Re(Z_{TE})误差

(c) TE模式下Im(Z_{TE})误差

(d) TE模式下Im(Z_{TE})误差

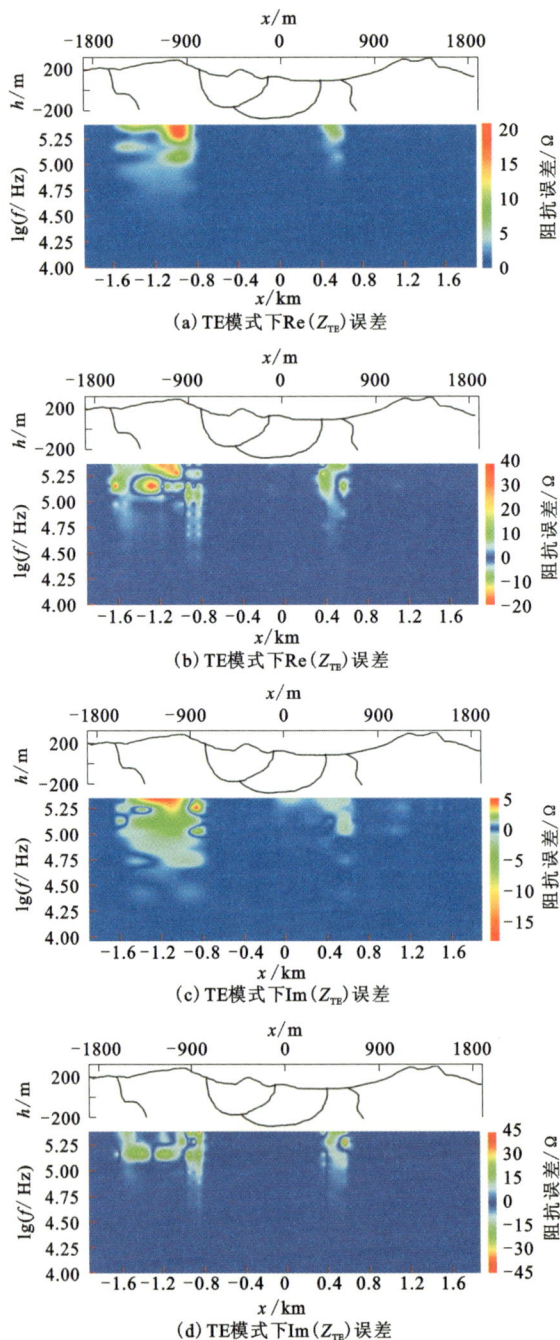

附彩图1 TE/TM 模式下考虑位移电流和准静态条件下的阻抗误差断面图

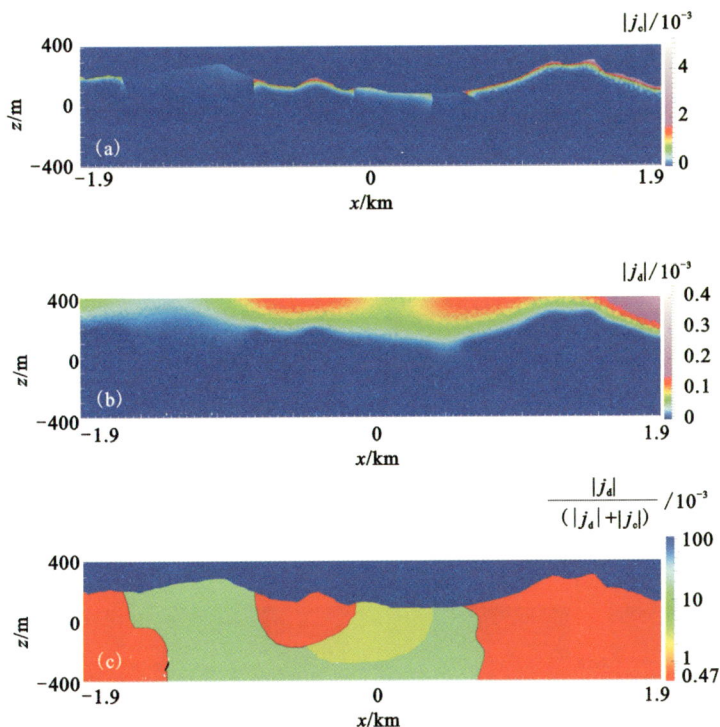

附彩图 2 考虑位移电流条件下计算的位移电流密度和传导电流密度

（a）为传导电流密度的模；（b）为位移电流密度的模；（c）为位移电流密度占总电流密度的百分比。计算频率 $f = 250$ kHz

注：为与灵敏度矩阵 $\boldsymbol{J}$ 区分，此处用小写 j_c 和 j_d 表示传导电流密度和位移电流密度

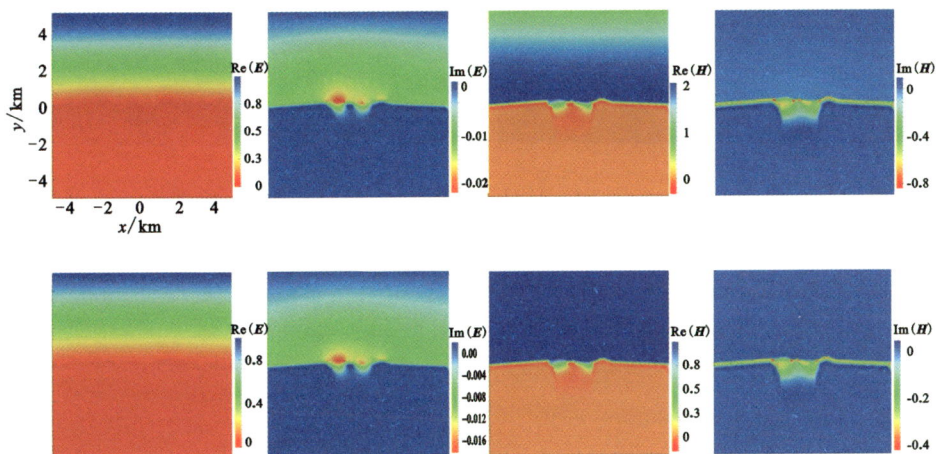

（a）$f = 10$ kHz

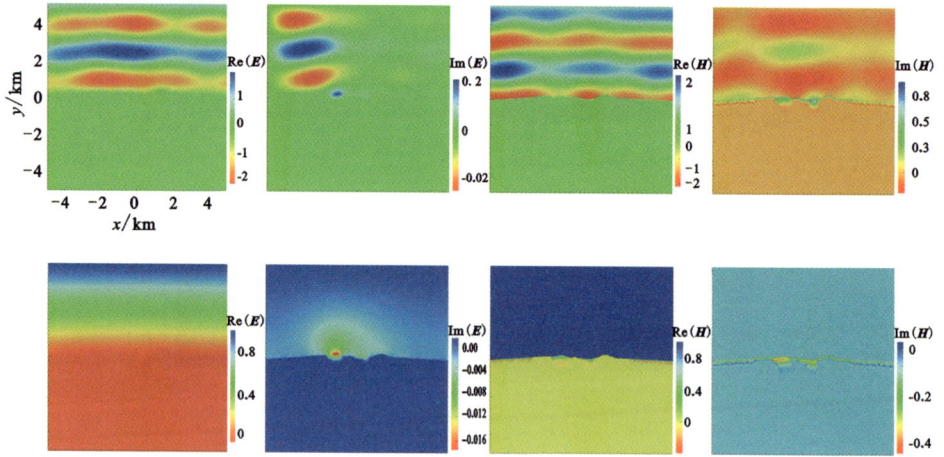

(b)$f = 100$ kHz

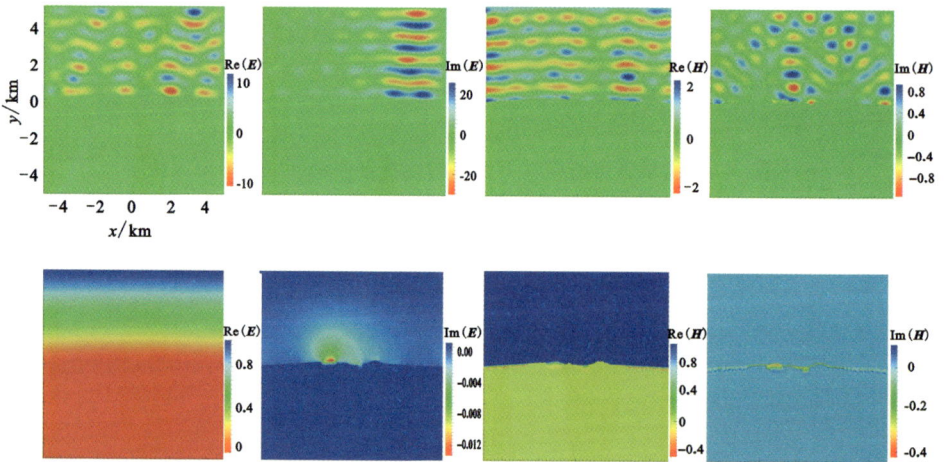

(c)$f = 250$ kHz

附彩图 3　考虑位移电流和准静态条件下计算的电场及磁场值

频率分别取 10 kHz、100 kHz、250 kHz，每幅子图中第一行为考虑位移电流的结果，第二行为准静态条件下的计算结果，每行的四幅图分别为电场实部、虚部、磁场实部、虚部

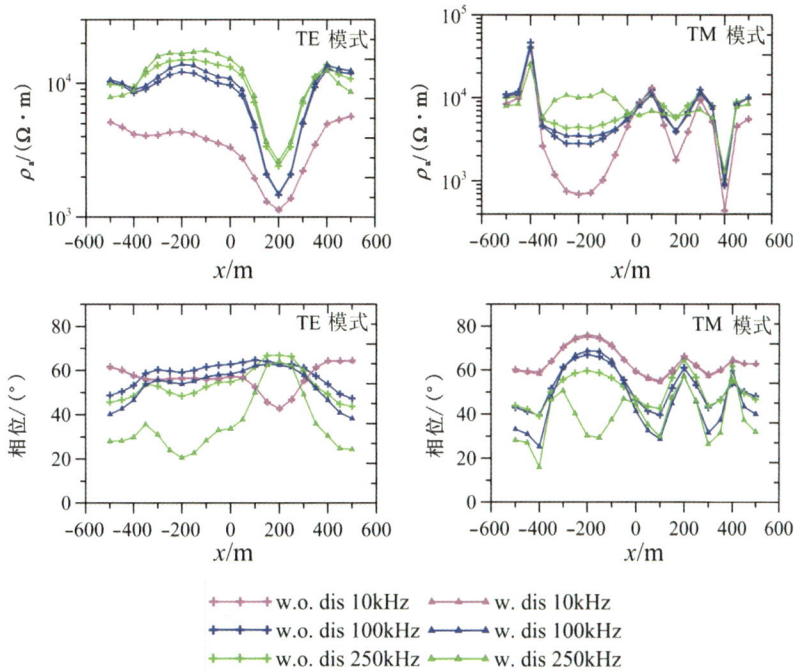

附彩图 4　考虑位移电流和不考虑位移电流的 TE/TM 模式视电阻率及相位曲线

图中粉色、蓝色、绿色分别表示频率为 10 kHz、100 kHz、250 kHz 的响应，其中" + "表示不考虑位移电流的结果，"▲"表示考虑位移电流的结果；左侧为 TE 模式的视电阻率和相位，右侧为 TM 模式的视电阻率和相位

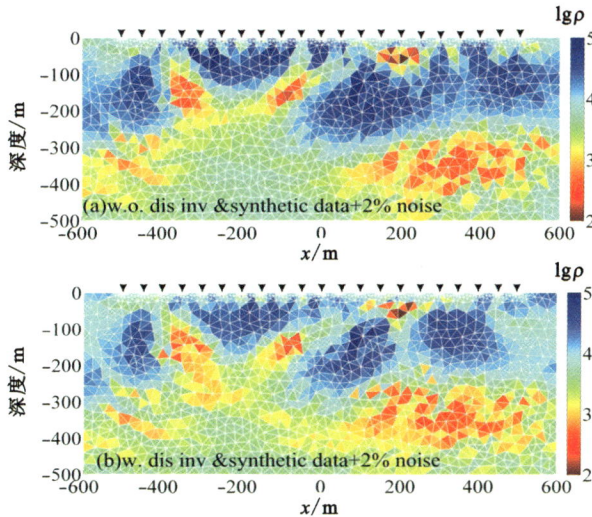

附彩图 5　准静态条件下平地形反演结果与全电流平地形反演结果对比图

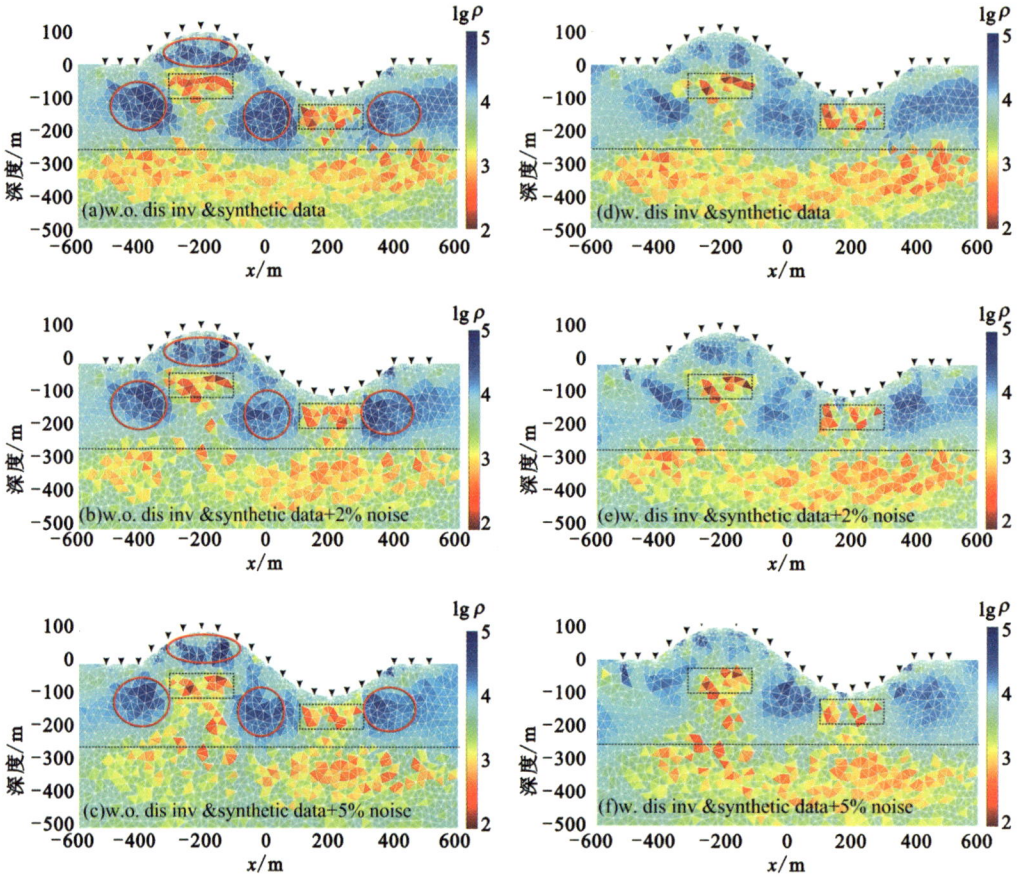

附彩图 6　准静态条件下反演结果与全电流反演结果对比图

（a）~（c）为不考虑位移电流的反演结果，（d）~（f）为考虑位移电流的反演结果。（a）（d）为理论资料反演结果；（b）（e）为理论数据加 2% 高斯噪声的反演结果；（c）（f）为理论数据加 5% 高斯噪声的反演结果

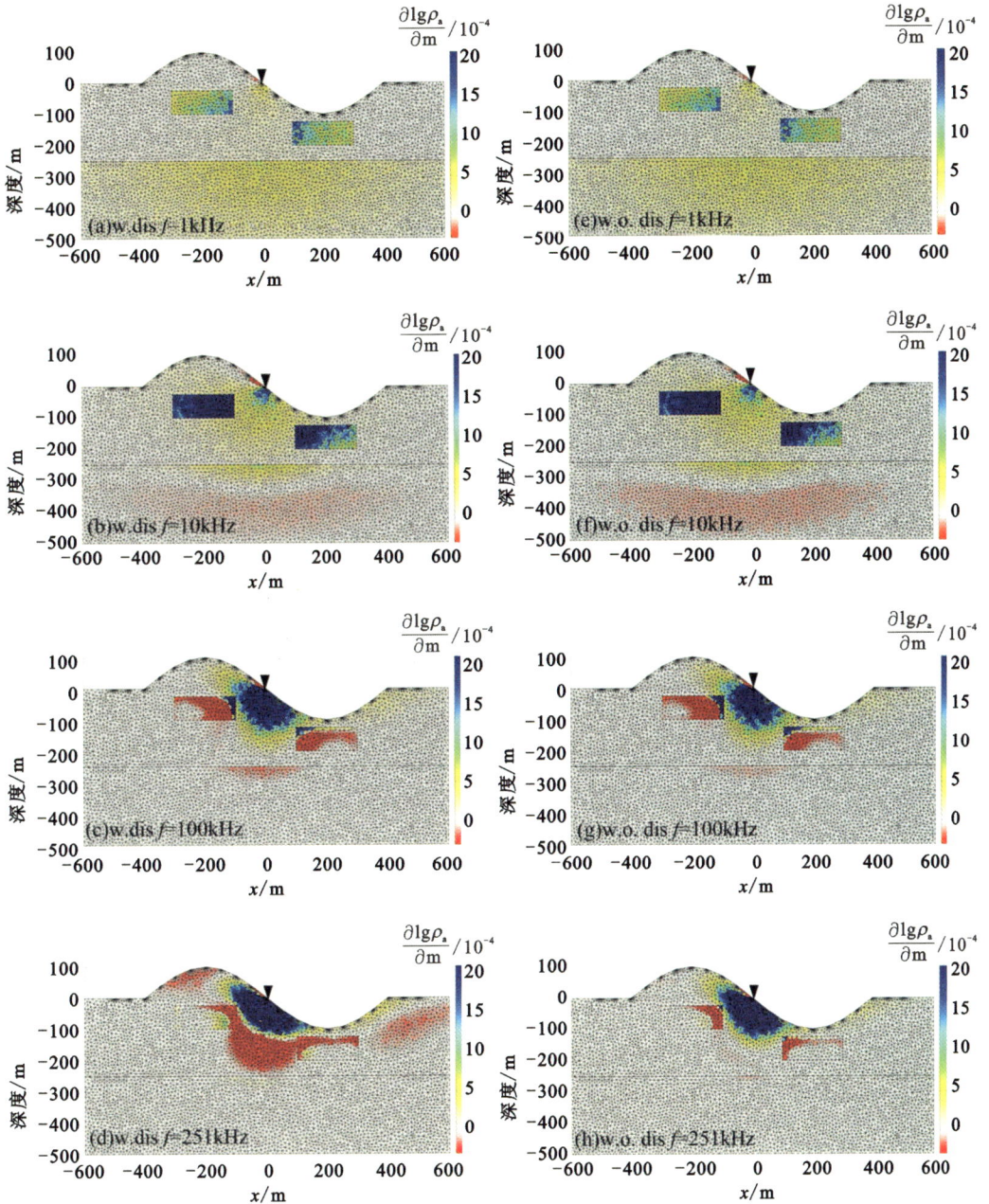

附彩图 7　图 3-4 所示模型的 TE 模式视电阻率灵敏度分布图

测点位于 (0, 0)，如图中下三角所示。频点为 1 kHz、10 kHz、100 kHz、251 kHz。(a) ~ (d) 为考虑位移电流的灵敏度分布，(e) ~ (h) 为不考虑位移电流的灵敏度分布

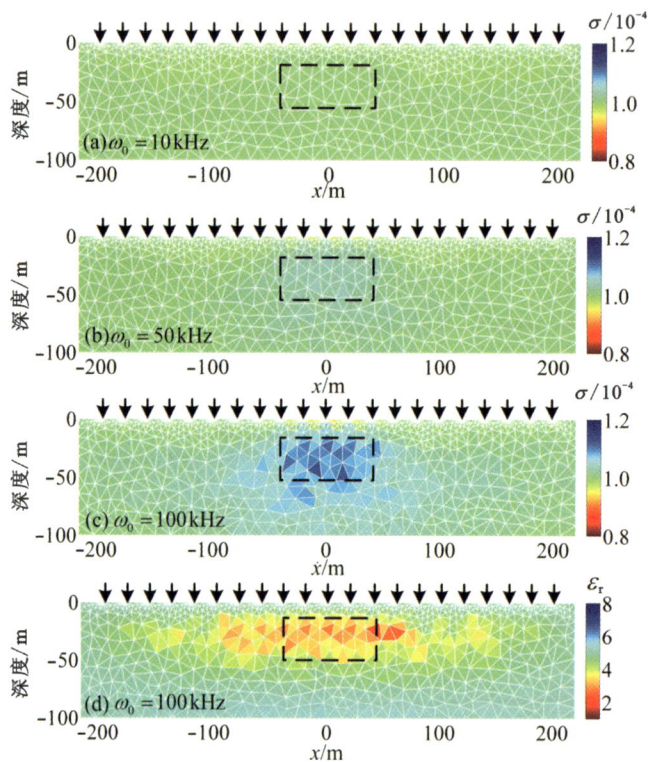

附彩图 8　不同参考频率下 σ_r 和 ε_r 同步反演结果

三个参考频率分别为 10 kHz、50.1 kHz 和 100 kHz；图(a)～图(c)为三个参考频率下反演得到的电导率图像，图(d)为 100 kHz 下同步反演得到的相对介电常数分布图。图中下三角为测点位置，虚线框为异常体所在位置

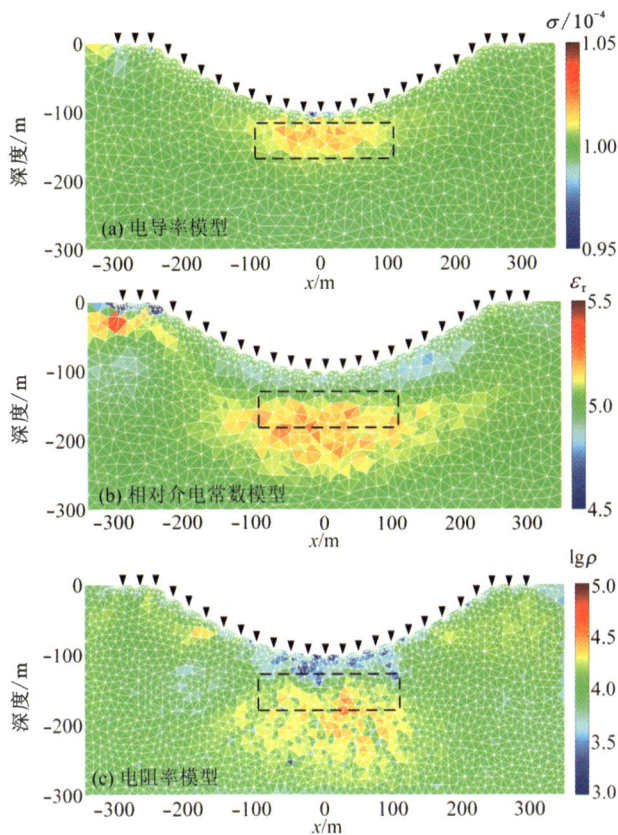

附彩图 9　低阻高极化模型的双参数同步反演结果与单参数反演结果对比

其中，(a)(b)为双参数同步反演得到的电导率和相对介电常数模型，(c)为单参数反演得到的电阻率模型

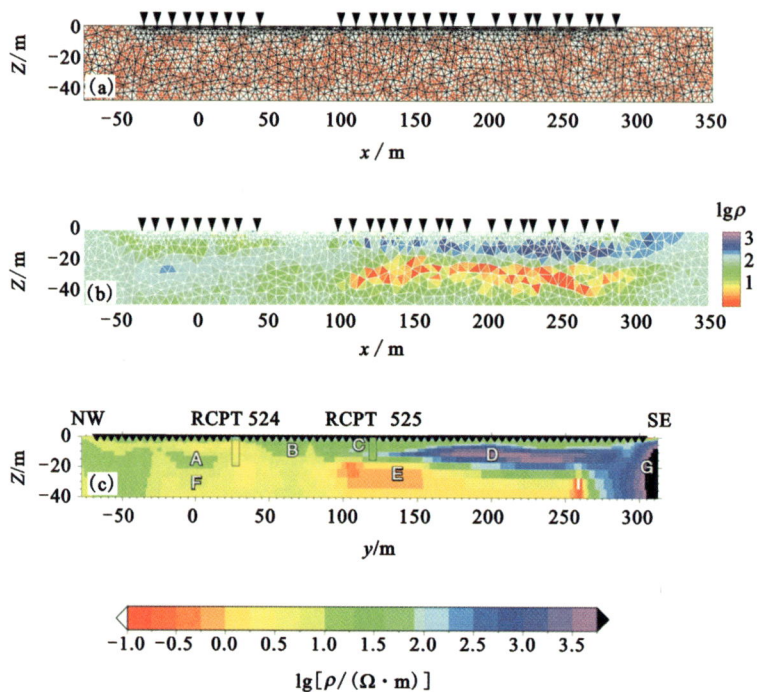

附彩图 10　平地形模型及反演结果

（a）平地形反演中正反演网格剖分示意图；（b）本书反演结果；（c）Kalscheuer 反演结果

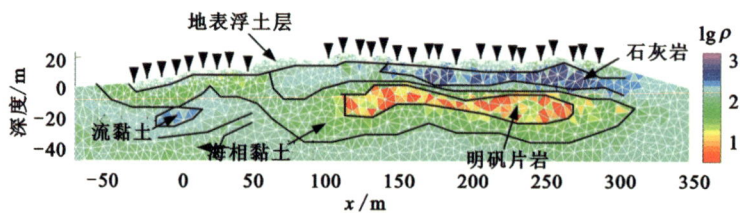

附彩图 11　挪威 Smørgrav 市某区域带地形反演结果及地质解释图

附　录

附录 A　灵敏度计算

1.1　观测资料对电阻率参数的灵敏度

计算观测数据对电阻率的灵敏度时，视电阻率和地下电阻率均取以 10 为底的对数值。对 TE 模式而言，根据正演方程组 $\boldsymbol{Ax} = \boldsymbol{B}$ 求得所有节点上的电场 E_x 后，地表测点 i 处的电场和磁场可由下式求取：

$$\boldsymbol{E}_i = \boldsymbol{a}_i^{\mathrm{T}} \boldsymbol{E}_x, \quad \boldsymbol{H}_i = \boldsymbol{b}_i^{\mathrm{T}} \boldsymbol{E}_x \tag{A1.1}$$

其中 $\boldsymbol{a}_i$ 是在测点 i 处元素为 1，其余元素为 0 的向量；$\boldsymbol{b}_i$ 是在四点差分节点上有值，其余位置为 0 的向量，

$$\boldsymbol{a}_i^{\mathrm{T}} = (0, 0, \cdots, 1, \cdots) \tag{A1.2a}$$

$$\boldsymbol{b}_i^{\mathrm{T}} = -\frac{1}{i\omega\mu}(\cdots, -11, \cdots, 18, \cdots, -9, \cdots, 2, \cdots)/\mathrm{length}_{1,4} \tag{A1.2b}$$

根据式（2－40）～式（2－42）的定义，视电阻率和相位对模型参数的偏导数可表示为：

$$J_{ij}^{\rho_a} = \frac{\partial \lg \rho_{ai}}{\partial \lg \rho_j} = 2\Big[\mathrm{Re}\Big(\frac{1}{\boldsymbol{E}_i} \cdot \frac{\partial \boldsymbol{E}_i}{\partial \lg \rho_j} \Big) - \mathrm{Re}\Big(\frac{1}{\boldsymbol{H}_i} \cdot \frac{\partial \boldsymbol{H}_i}{\partial \lg \rho_j} \Big) \Big] \tag{A1.3}$$

$$J_{ij}^{\varphi_a} = \frac{\partial \boldsymbol{\varphi}_i}{\partial \lg \rho_j} = \mathrm{Im}\Big(\frac{1}{\boldsymbol{E}_i} \cdot \frac{\partial \boldsymbol{E}_i}{\partial \lg \rho_j} \Big) - \mathrm{Im}\Big(\frac{1}{\boldsymbol{H}_i} \cdot \frac{\partial \boldsymbol{H}_i}{\partial \lg \rho_j} \Big) \tag{A1.4}$$

由式（A1.3）和式（A1.4）可看出，求测点 i 处的视电阻率和相位灵敏度 $J_{ij}^{\rho_a} J_{ij}^{\varphi}$ 即为求 $\dfrac{\partial \boldsymbol{E}_i}{\partial \lg \rho_j}$ 和 $\dfrac{\partial \boldsymbol{H}_i}{\partial \lg \rho_j}$。

根据式（A1.1），

$$\begin{cases} \dfrac{\partial \boldsymbol{E}_i}{\partial \lg \rho_j} = \dfrac{\partial(\boldsymbol{a}_i^{\mathrm{T}} \boldsymbol{E}_x)}{\partial \lg \rho_j} = \dfrac{\partial \boldsymbol{a}_i^{\mathrm{T}}}{\partial \lg \rho_j} \boldsymbol{E}_x + \boldsymbol{a}_i^{\mathrm{T}} \dfrac{\partial \boldsymbol{E}_x}{\partial \lg \rho_j} \\[3mm] \dfrac{\partial \boldsymbol{H}_i}{\partial \lg \rho_j} = \dfrac{\partial(\boldsymbol{b}_i^{\mathrm{T}} \boldsymbol{E}_x)}{\partial \lg \rho_j} = \dfrac{\partial \boldsymbol{b}_i^{\mathrm{T}}}{\partial \lg \rho_j} \boldsymbol{E}_x + \boldsymbol{b}_i^{\mathrm{T}} \dfrac{\partial \boldsymbol{E}_x}{\partial \lg \rho_j} \end{cases} \tag{A1.5}$$

由于 a_i、b_i 均与模型参数 ρ_j 无关，因此式（A1.5）中的第一项为零；再根据正演问题，式（A1.5）可转换为：

$$
\begin{cases}
\dfrac{\partial \boldsymbol{E}_i}{\partial \lg \rho_j} = a_i^{\mathrm{T}} \dfrac{\partial \boldsymbol{E}_x}{\partial \lg \rho_j} = -a_i^{\mathrm{T}} \cdot \boldsymbol{K}^{-1} \dfrac{\partial \boldsymbol{K}}{\partial \lg \rho_j} \boldsymbol{E}_x \\
\dfrac{\partial \boldsymbol{H}_i}{\partial \lg \rho_j} = b_i^{\mathrm{T}} \dfrac{\partial \boldsymbol{E}_x}{\partial \lg \rho_j} = -b_i^{\mathrm{T}} \cdot \boldsymbol{K}^{-1} \dfrac{\partial \boldsymbol{K}}{\partial \lg \rho_j} \boldsymbol{E}_x
\end{cases}
\tag{A1.6}
$$

其中，$\boldsymbol{K}$ 为刚度矩阵，

$$
\boldsymbol{K} = \frac{\boldsymbol{K}_{1e}}{-\mathrm{i}\omega\mu} - \boldsymbol{K}_{2e}(\sigma + \mathrm{i}\omega\varepsilon)
\tag{A1.7}
$$

$\boldsymbol{K}_{1e}$ 和 $\boldsymbol{K}_{2e}$ 是与地下电阻率无关的单元矩阵

$$
\frac{\partial \boldsymbol{K}}{\partial \lg \rho_j} = \frac{\partial \boldsymbol{K}}{\partial \rho_j} \cdot \frac{\partial \rho_j}{\partial \lg \rho_j} = \frac{\boldsymbol{K}_{2e}}{\rho_j^2} \cdot \rho_j \cdot \ln 10 = \boldsymbol{K}_{2e} \cdot \sigma_j \cdot \ln 10
\tag{A1.8}
$$

综上，将式（A1.6）和式（A1.8）代入式（A1.3）、式（A1.4）即可得到 TE 模式下视电阻率和相位对地下电阻率的灵敏度。

对 TM 模式而言，根据正演方程组 $\boldsymbol{Ax} = \boldsymbol{B}$ 求得所有节点上的电场 $\boldsymbol{H}_x$ 后，地表测点 i 处的电场和磁场可由下式求取：

$$
\boldsymbol{H}_i = a_i^{\mathrm{T}} \boldsymbol{H}_x, \quad \boldsymbol{E}_i = b_i^{\mathrm{T}} \boldsymbol{H}_x
\tag{A1.9}
$$

其中 a_i 是在测点 i 处元素为 1，其余元素为 0 的向量；b_i 是在四点差分节点上有值，其余位置为 0 的向量，

$$
a_i^{\mathrm{T}} = (0, 0, \cdots, 1, \cdots)
\tag{A1.10a}
$$

$$
b_i^{\mathrm{T}} = \frac{1}{\sigma + \mathrm{i}\omega\varepsilon}(\cdots, -11, \cdots, 18, \cdots, -9, \cdots, 2, \cdots)/\text{length}_{1,4}
\tag{A1.10b}
$$

与 TE 模式不同的是，TM 模式下 b_i^{T} 与地下电阻率相关，因此 $\dfrac{\partial b_i^{\mathrm{T}}}{\partial \lg \rho_j} \neq 0$，那么，

$$
\begin{cases}
\dfrac{\partial \boldsymbol{E}_i}{\partial \lg \rho_j} = -a_i^{\mathrm{T}} \cdot \boldsymbol{K}^{-1} \dfrac{\partial \boldsymbol{K}}{\partial \lg \rho_j} \boldsymbol{H}_x \\
\dfrac{\partial \boldsymbol{H}_i}{\partial \lg \rho_j} = \dfrac{\partial b_i^{\mathrm{T}}}{\partial \lg \rho_j} \boldsymbol{H}_x - b_i^{\mathrm{T}} \cdot \boldsymbol{K}^{-1} \dfrac{\partial \boldsymbol{K}}{\partial \lg \rho_j} \boldsymbol{H}_x
\end{cases}
\tag{A1.11}
$$

其中，

$$
\boldsymbol{K} = \frac{\boldsymbol{K}_{1e}}{\sigma + \mathrm{i}\omega\varepsilon} - \boldsymbol{K}_{2e}(-\mathrm{i}\omega\mu)
\tag{A1.12}
$$

$$\frac{\partial \boldsymbol{K}}{\partial \lg \rho_j} = \frac{\partial \boldsymbol{K}}{\partial \rho_j} \cdot \frac{\partial \rho_j}{\partial \lg \rho_j} = \frac{\partial \boldsymbol{K}}{\partial \rho_j} \cdot \rho_j \cdot \ln 10$$

$$= \begin{cases} \dfrac{\boldsymbol{K}_{1e} \cdot \ln 10}{\sigma_j} & \text{不考虑位移电流} \\ \dfrac{\boldsymbol{K}_{1e} \cdot \sigma_j \cdot \ln 10}{(\sigma_j + i\omega\varepsilon_j)^2} & \text{考虑位移电流} \end{cases} \quad (\text{A1.13})$$

$$\frac{\partial \boldsymbol{b}_i^{\mathrm{T}}}{\partial \lg \rho_j} = \frac{\partial \boldsymbol{b}_i^{\mathrm{T}}}{\partial \rho_j} \cdot \frac{\partial \rho_j}{\partial \lg \rho_j} = \frac{\partial \boldsymbol{b}_i^{\mathrm{T}}}{\partial \rho_j} \cdot \rho_j \cdot \ln 10$$

$$= \begin{cases} \rho_j \cdot \ln 10 \cdot (\cdots, -11, \cdots, 18, \cdots, -9, \cdots, 2, \cdots)/length & \text{不考虑位移电流} \\ \dfrac{\boldsymbol{b}_i^{\mathrm{T}} \cdot \sigma_j \cdot \ln 10}{(\sigma_j + i\omega\varepsilon_j)^2} & \text{考虑位移电流} \end{cases}$$

$$(\text{A1.14})$$

1.2 观测资料对相对介电常数的灵敏度

双参数反演时，模型的介电常数参数取相对值 ε_r，$\varepsilon_r = \varepsilon/\varepsilon_0$ 其中 ε 为实际介电常数值，ε_0 为真空中的介电常数。

$$\frac{\partial \lg \rho_{ai}}{\partial \varepsilon_{rj}} = 2 \Big[\mathrm{Re}\Big(\frac{1}{\boldsymbol{E}_i} \cdot \frac{\partial \boldsymbol{E}_i}{\partial \varepsilon_{rj}}\Big) - \mathrm{Re}\Big(\frac{1}{\boldsymbol{H}_i} \cdot \frac{\partial \boldsymbol{H}_i}{\partial \varepsilon_{rj}}\Big) \Big] \quad (\text{A2.1})$$

$$\frac{\partial \varphi_i}{\partial \varepsilon_{rj}} = \mathrm{Im}\Big(\frac{1}{\boldsymbol{E}_i} \cdot \frac{\partial \boldsymbol{E}_i}{\partial \varepsilon_{rj}}\Big) - \mathrm{Im}\Big(\frac{1}{\boldsymbol{H}_i} \cdot \frac{\partial \boldsymbol{H}_i}{\partial \varepsilon_{rj}}\Big) \quad (\text{A2.2})$$

对 TE 模式而言，根据式（A1.1）和式（A1.2）的定义，

$$\begin{cases} \dfrac{\partial \boldsymbol{E}_i}{\partial \varepsilon_{rj}} = \dfrac{\partial \boldsymbol{E}_i}{\partial \varepsilon_j} \cdot \dfrac{\partial \varepsilon_j}{\partial \varepsilon_{rj}} = \varepsilon_0 \cdot \dfrac{\partial \boldsymbol{E}_i}{\partial \varepsilon_j} = -\boldsymbol{a}_i^{\mathrm{T}} \cdot \boldsymbol{K}^{-1} \dfrac{\partial \boldsymbol{K}}{\partial \varepsilon_j} \boldsymbol{E}_x \cdot \varepsilon_0 \\ \dfrac{\partial \boldsymbol{H}_i}{\partial \varepsilon_{rj}} = \varepsilon_0 \cdot \dfrac{\partial \boldsymbol{H}_i}{\partial \varepsilon_j} = -b_i^{\mathrm{T}} \cdot \boldsymbol{K}^{-1} \dfrac{\partial \boldsymbol{K}}{\partial \varepsilon_j} \boldsymbol{E}_x \cdot \varepsilon_0 \end{cases} \quad (\text{A2.3})$$

其中，

$$\boldsymbol{K} = \frac{\boldsymbol{K}_{1e}}{-i\omega\mu} - \boldsymbol{K}_{2e}(\sigma + i\omega\varepsilon) \quad (\text{A2.4})$$

$$\frac{\partial \boldsymbol{K}}{\partial \varepsilon_j} = -i\omega \cdot \boldsymbol{K}_{2e} \quad (\text{A2.5})$$

对 TM 模式而言，根据式（A1.9）和式（A1.10）的定义，

$$\begin{cases} \dfrac{\partial \boldsymbol{H}_i}{\partial \varepsilon_{rj}} = -\boldsymbol{a}_i^{\mathrm{T}} \cdot \boldsymbol{K}^{-1} \dfrac{\partial \boldsymbol{K}}{\partial \varepsilon_j} \boldsymbol{H}_x \cdot \varepsilon_0 \\[3mm] \dfrac{\partial \boldsymbol{E}_i}{\partial \varepsilon_{rj}} = \varepsilon_0 \cdot \dfrac{\partial \boldsymbol{E}_i}{\partial \varepsilon_j} = \varepsilon_0 \left(\dfrac{\partial \boldsymbol{b}_i^{\mathrm{T}}}{\partial \varepsilon_j} \cdot \boldsymbol{H}_x + \dfrac{\partial \boldsymbol{H}_x}{\partial \varepsilon_j} \cdot \boldsymbol{b}_i^{\mathrm{T}} \right) \\[3mm] = -\dfrac{\mathrm{i}\omega\varepsilon_0}{(\sigma_j + \mathrm{i}\omega\varepsilon_j)} \cdot \boldsymbol{H}_x \cdot \boldsymbol{b}_i^{\mathrm{T}} + \varepsilon_0 \cdot \boldsymbol{b}_i^{\mathrm{T}} \cdot \left(-\boldsymbol{K}^{-1} \dfrac{\partial \boldsymbol{K}}{\partial \varepsilon_j} \boldsymbol{H}_x \right) \end{cases} \qquad (\mathrm{A2.6})$$

其中，

$$\boldsymbol{K} = \dfrac{\boldsymbol{K}_{1e}}{\sigma + \mathrm{i}\omega\varepsilon} - \boldsymbol{K}_{2e}(-\mathrm{i}\omega\mu) \qquad (\mathrm{A2.7})$$

$$\dfrac{\partial \boldsymbol{K}}{\partial \varepsilon_j} = -\dfrac{\mathrm{i}\omega \cdot \boldsymbol{K}_{1e}}{(\sigma_j + \mathrm{i}\omega\varepsilon_j)^2} \qquad (\mathrm{A2.8})$$

1.3　观测资料对相对电导率的灵敏度

双参数反演时，模型的电导率参数取相对电导率 σ_r，$\sigma_r = \sigma/\sigma_0$ 其中 σ 为地下实际电导率，$\sigma_0 = \varepsilon_0\omega_0$ 为等效电导率。

$$\dfrac{\partial \lg\rho_{ai}}{\partial \sigma_{rj}} = 2 \left[\mathrm{Re}\left(\dfrac{1}{\boldsymbol{E}_i} \cdot \dfrac{\partial \boldsymbol{E}_i}{\partial \sigma_{rj}} \right) - \mathrm{Re}\left(\dfrac{1}{\boldsymbol{H}_i} \cdot \dfrac{\partial \boldsymbol{H}_i}{\partial \sigma_{rj}} \right) \right] \qquad (\mathrm{A3.1})$$

$$\dfrac{\partial \varphi_i}{\partial \sigma_{rj}} = \mathrm{Im}\left(\dfrac{1}{\boldsymbol{E}_i} \cdot \dfrac{\partial \boldsymbol{E}_i}{\partial \sigma_{rj}} \right) - \mathrm{Im}\left(\dfrac{1}{\boldsymbol{H}_i} \cdot \dfrac{\partial \boldsymbol{H}_i}{\partial \sigma_{rj}} \right) \qquad (\mathrm{A3.2})$$

对 TE 模式而言，根据式（A1.1）和式（A1.2）的定义，

$$\begin{cases} \dfrac{\partial \boldsymbol{E}_i}{\partial \sigma_{rj}} = -\boldsymbol{a}_i^{\mathrm{T}} \cdot \boldsymbol{K}^{-1} \dfrac{\partial \boldsymbol{K}}{\partial \sigma_{rj}} \boldsymbol{E}_x \\[3mm] \dfrac{\partial \boldsymbol{H}_i}{\partial \sigma_{rj}} = -\boldsymbol{b}_i^{\mathrm{T}} \cdot \boldsymbol{K}^{-1} \dfrac{\partial \boldsymbol{K}}{\partial \sigma_{rj}} \boldsymbol{E}_x \end{cases} \qquad (\mathrm{A3.3})$$

其中，

$$\boldsymbol{K} = \dfrac{\boldsymbol{K}_{1e}}{-\mathrm{i}\omega\mu} - \boldsymbol{K}_{2e}(\sigma + \mathrm{i}\omega\varepsilon) \qquad (\mathrm{A3.4})$$

$$\dfrac{\partial \boldsymbol{K}}{\partial \sigma_{rj}} = -\boldsymbol{K}_{2e} \cdot \sigma_0 \qquad (\mathrm{A3.5})$$

对 TM 模式而言，根据式（A1.9）和式（A1.10）的定义，

$$\begin{cases} \dfrac{\partial \boldsymbol{H}_i}{\partial \sigma_{rj}} = -\boldsymbol{a}_i^{\mathrm{T}} \cdot \boldsymbol{K}^{-1} \dfrac{\partial \boldsymbol{K}}{\partial \sigma_{rj}} \boldsymbol{H}_x \\[3mm] \dfrac{\partial \boldsymbol{E}_i}{\partial \sigma_{rj}} = -\boldsymbol{b}_i^{\mathrm{T}} \cdot \boldsymbol{K}^{-1} \dfrac{\partial \boldsymbol{K}}{\partial \sigma_{rj}} \boldsymbol{H}_x + \dfrac{\partial \boldsymbol{b}_i^{\mathrm{T}}}{\partial \sigma_{rj}} \cdot \boldsymbol{H}_x \end{cases} \qquad (\mathrm{A3.6})$$

其中，

$$K = \frac{K_{1e}}{\sigma + i\omega\varepsilon} - K_{2e}(-i\omega\mu) \qquad (A3.7)$$

$$\frac{\partial K}{\partial \sigma_{rj}} = -\frac{K_{1e} \cdot \sigma_0}{(\sigma + i\omega\varepsilon)^2} \qquad (A3.8)$$

$$\frac{\partial b_i^T}{\partial \sigma_{rj}} = -\frac{b_i^T \cdot \sigma_0}{\sigma_j + i\omega\varepsilon_j} \qquad (A3.9)$$

附录 B 程序使用及反演结果可视化

笔者开发的基于非结构三角网格的 2D MT/RMT－FW 正演软件和 2D MT/RMT_inversion 反演软件均采用 Linux 操作系统平台，编程语言采用 FORTRAN95，已测试的平台为 Ubuntu12.04，编译环境为 Intel fortran 13.1.2。本软件对硬件无特殊要求，用户在普通个人计算机上即可方便使用。

软件中非结构双网格生成模块是在开源代码 triangle 核心算法基础上研发的，该开源代码的下载网址为：http：//www.cs.cmu.edu/ ~quake/triangle.html。通过动态链接将 triangle 链接到 2D MT/RMT－FW 和 2D MT/RMT_inversion 软件中。

本软件中涉及两类方程组求解，一是正演方程组，二是反演方程组。其中，正演方程组 $Ax = B$ 中，A 为大型稀疏矩阵，软件中对其采用按行压缩存储来减小内存消耗，正演方程组的求解采用目前国际上流行的 PARDISO 求解器，该求解器的下载及使用方法可查看其官方网站：http：//www.pardiso－project.org/。反演方程组的系数矩阵为一密矩阵，该方程的求解采用 MKL 库中的直接求解算法。MKL 为英特尔开发的非商业软件，其下载地址为：https：//software.intel.com/en－us/intel－mkl/try－buy。

2.1 软件结构

2D MT/RMT－FW 程序包中包含有四个文件夹：contrib、examples、lib、src。其中 contrib 中含有本软件所需的一些辅助软件，包括 Medit 模型及网格可视化软件、solvef 用于求解有限元方程组、triangle 用于进行非结构网格划分；examples 文件夹用于进行模型计算，其中包含有最终的可执行文件 iag；src 中是本程序中所有的.f90 源代码；lib 中存放动态链接文件，包括源程序.f90 的动态链接和triangle 的动态链接。其软件结构示意图如下：

2D MT/RMT_inversion 程序包中包含有四个文件夹：contrib、examples、lib、src。其中 contrib 中含有本软件所需的一些辅助软件及正反演双网格生成模块，包括 Medit 模型及网格可视化软件；solvef 用于求解有限元方程组；triangle 用于进行非结构网格划分；blas、spblasf、lapack95 用于进行矩阵运算；mesh 为 2D MT/RMT_inversion 的正反演双网格生成模块，最终生成 mesh 可执行文件。examples 文件夹用于进行反演计算，其中包含计算前所有的输入文件，可执行文件 iag、medit、paraview 以及计算后得到的所有输出文件；src 中是本程序包中所有的.f90 源代码；lib 中存放动态链接文件，包括源程序.f90 的动态链接 ligiag.so 和 triangle 的动态链接 libtriangle.so。反演软件的结构示意图如图 B－2 所示：

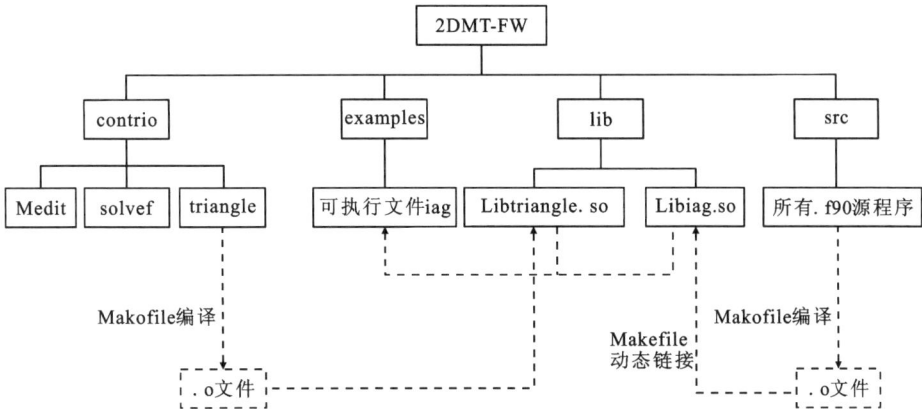

图 B-1 正演软件结构示意图

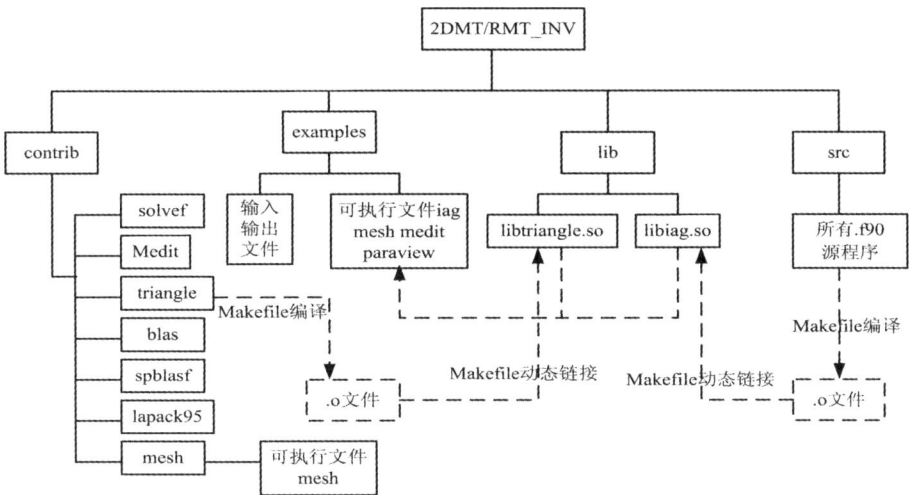

图 B-2 2D MT/RMT_inversion 反演软件结构示意图

2.2 正演程序使用

无论正演程序还是反演程序，笔者对每个子目录均编写了 makefile 文件，用户只需在终端通过简单的"make"指令即可完成程序所有的编译链接，最终在 ./examples 路径下生成一个可执行文件 mesh 和 iag。mesh 用于生成正演网格（正演程序中)或嵌套的反演双网格(反演程序中);iag 用于执行计算任务。

2.2.1 输入文件

在正演程序中,输入文件共 3 个,分别是:模型文件 modelname. poly、模型属性文件 model_attribute. poly 以及频率文件 f. poly。modelname. poly 文件只需要给定点、线及属性信息,便可方便地定义模型,其效率远高于传统的手动定义。二维模型的具体格式如下:

模型点列表

Line 1:模型节点数 模型维数 节点的属性个数 标记个数

Line 2:节点编号#x 坐标 y 坐标[属性][节点标记]

…

初始模型线列表

Line 1:总线段个数 线段属性个数

Line 2:线段编号# 线段一端节点编号# 线段另一端节点编号# [线段标记]

…

模型空洞列表

Line 1:空洞个数

Line 2:空洞编号# 洞内任意一点的 x 坐标 y 坐标

…

模型区域列表

Line 1:区域个数[面积约束个数]

Line 2:区域编号# x 坐标 y 坐标 区域介质属性 该区域最大单元面积约束

其中[]为选填项。

模型属性文件 model_attribute. poly 的格式如下:

#this file discribe the attributes of model 注释行

#number of region number of attributes 注释行

区域个数 属性个数

#region resistivity dielectric_permittivity permeability 注释行

区域编号#电阻率 相对介电常数 相对磁导率

频率文件 f. poly 的格式如下:

#this file contains number_of_frequent and frequent 注释行

#number_of_frequent 注释行

频率个数

#frequent = 注释行

频率值

#displacement_current 注释行

1 or 0

2.2.2 输出文件

所有输入文件建立好后，仅需执行./mesh 和./iag 即可得到正演响应结果。输出文件共有 7 个，分别为：地表 TE&TM 模式的阻抗 impedance_surface（TE）. txt、impedance_surface（TM）. txt、视电阻率 & 相位 output_apparent（TE）. txt、output _apparent（TM）. txt、电磁场场值 solution _ Potential（TE）. txt、solution _ Potential（TE）. txt 以及正演计算总耗时 time. txt。

2.3　反演程序使用

2.3.1　输入文件

在反演程序中，输入文件共 6 个，分别是：modelname. poly 地形及测点文件、model_attribute. poly 先验模型属性文件、model_refinement. poly 生成正演网格的加密文件、frequency. txt 频率文件、inversion _ settings. txt 反演参数设置文件、observed_data. txt 观测数据文件。其中 modelname. poly、model_attribute. poly 和 frequency. txt 的文件输入格式与正演程序相同，这里不再赘述。

model_refinement. poly 是对反演粗网格加密生成正演密网格的加密控制文件，其输入格式如下：

#parameters for region part refinement 注释行

总区域个数

区域编号该区域最大单元面积

反演参数设置文件 inversion_settings. txt 的输入格式为：

this file is used to set the parameters about inversion 注释行

Please choice method...（MT）or（RMT）注释行

RMT

#inversion mode…（TE）or（TM）or（TEM）注释行

TEM

#resistivity inversion（0）resistivity&phase inversion（1）注释行

1

Synthetic data inversion(0) observation data inversion(1)注释行

1

Do you want to add noise in data?（'0' – no；'1' – Gauss noise；'2' – Random noise）

0

观测数据文件 observed_data. txt 的格式如下：

数据个数（测点数×频点数×模式）

TE 模式视电阻率 TE 模式相位

…

TM 模式视电阻率 TM 模式相位

…

2.3.2 输出文件

建立好输入文件后，执行. /mesh 生成正反演双网格，然后执行. /iag 即开始反演计算。计算结束后会生成 3 类文件夹：输入文件夹 input、输出文件夹 output 和以迭代次数命名的每一次的迭代结果。其中，input 文件夹中除了原有的 6 个输入文件外，还包括：time. txt、3 个 . dat 文件以及正反演网格单元节点文件 forward. ele、forward. node、inversion. ele、inversion. node、inversion. neigh，其中 time. txt 是正反演网格映射耗时，3 个 . dat 文件用于正反演网格的 MATLAB 可视化。Output 文件夹中包括三个文件：每次迭代的模型修正量文件 delta_m. txt、拟合差文件 RMS. txt、反演计算总耗时 time. txt。以迭代次数命名的文件夹中包括：此次迭代后的正演响应 r0_forward. txt、此次迭代终止时的计算耗时 time. txt、可通过 paraview 显示此次反演结果的 vtk 文件 output_resistivity. vtk、通过 MATLAB 实现反演结果可视化的 4 个 . dat 文件。

参考文献

[1]Anjana K, Shah P A B, Eric D A, et al. Integrated geophysical imaging of a concealed mineral deposit: A case study of the world – class Pebble porphyry deposit in southwestern Alaska[J]. Geophysics,2013,78(5): 317 –328.

[2]Avdeev D. Three – dimensional electromagnetic modeling and inversion from theory to application [J]. Surveys in Geophysics, 2005, 26(6): 767 –799.

[3]Avdeev D, Avdeeva A. 3D Magnetotelluric inversion using a limited – memory quasi – Newton optimization[J]. Geophysics, 2009, 74(3): 45 –57.

[4]Babuska I, Rheinboldt W C. Error estimates for adaptive finite element computations[J]. SIAM Journal on Numerical Analysis, 1978, 15(4): 736 –754.

[5] Badea E, Everett M, Newman G, et al. Finite – element analysis of controlled source electromagnetic induction using Coulomb – gauged potentials[J]. Geophysics, 2001, 66(3): 786 –799.

[6]Baranwal V C, Franke A, B? rner R U, et al. Unstructured grid based 2 – D inversion of VLF data for models including topography [J]. Journal of Applied Geophysics, 2011, 75 (2): 363 –372.

[7]Baranwal V C. Integrated interpretation of VLF data with other geophysical data and study of two – dimensional VLF modeling and inversion[D]. India: IIT Kharagpur, 2007.

[8]Baranwal V C, Franke A, B? rner RU, et al. Unstructured grid based 2D inversion of plane wave EM data for models including topography[C]. IAGA WG 1. 2 on Electromagnetic Induction in the Earth. El Vendrell, Spain, 2006.

[9]Bastani M. EnviroMT – A New Controlled Source/Radio Magnetotelluric System [D]. Uppsala: Acta Universities Upsaliensis, 2001.

[10]Bastani M, Malehmir A, Ismail N, et al. Delineating hydrothermal stockwork copper deposits using controlled – source and radio – magnetotelluric methods: A case study from northeast Iran [J]. Geophysics, 2009, 74(5): 167 –181.

[11]Bastani M, Persson L, Beiki M, et al. A radio magnetotelluric study to evaluate the extents of a

limestonequarry in Estonia[J]. Geophysical Prospecting, 2013, 61(3): 678 – 687.

[12]Boonchaisuk S, Vachiratienchai C, Siripunvaraporn W. Two – dimensional direct current (DC) resistivity inversion: data space Occam's approach [J]. Physics of the Earth and Planetary Interiors, 2008, 168(3): 204 – 211.

[13]Broyden C G. A New Double – Rank Minimization Algorithm[J]. Computer Journal, 1969, 12: 94 – 99.

[14]Busch S, Kruk J V D, Bikowski J, et al. Quantitative permittivity and conductivity estimation using full – waveform inversion of on – ground GPR data[J]. Geophysics, 2012, 77(6): H79 – H91.

[15]Candansayar M E, Tezkan B. A comparison of different radio magnetotelluric data inversion methods for buried waste sites[J]. Journal of Applied Geophysics, 2006, 58(3): 218 – 231.

[16]Candansayar M E, Tezkan B. Two – dimensional joint inversion of radio magnetotelluric and direct current resistivity data[J]. Geophysical Prospecting, 2008, 56(5): 737 – 749.

[17]Cerv V. Modelling and Analysis of Electromagnetic Fields in 3D Inhomogeneous Media[J]. Surveys in Geophysics, 1990, 11(2 – 3): 205 – 229.

[18]Chave A D, Jones A G. The magnetotelluric method: Theory and practice [M]. Cambridge University Press, 2012.

[19]Coggon J H. Electromagnetic and electrical modeling by the finite element method [J]. Geophysics, 1971, 36(1): 132 – 155.

[20]Commer M, Newman G. A parallel finite – difference approach for 3D transient electromagnetic modeling with galvanic sources[J]. Geophysics, 2004, 69(5): 1192 – 1202.

[21]Commer M, Newman G. A. New advances in three – dimensional controlled – source electromagnetic inversion[J]. Geophysical Journal International, 2008, 172(2): 513 – 535.

[22]Commer M, Newman G A. Three – dimensional controlled – source electromagnetic and Magnetotelluric joint inversion [J]. Geophysical Journal International, 2009, 178 (3): 1305 – 1316.

[23]Constable C S, ParkerR L, Constable C G. Occam's inversion: a practical algorithm for generating smooth models from electromagnetic sounding data[J]. Geophysics, 1987, 52(3): 289 – 300.

[24]Degroot – Hedlin C, Constable S. Occam's inversion to generate smooth, two – dimensional models from magnetotelluricdata[J]. Geophysics, 1990, 55(12): 1613 – 1624.

[25]Dennis J E, Schnabel R B. Numerical Methods for Unconstrained Optimization and Nonlinear Equations[M]. Englewood Cliffs, NJ: Prentice – Hall, 1996.

[26] Dey A, Morrison H. Resistivity modeling for arbitrarily shaped three – dimensional structures [J]. Geophysics, 1977, 44(4): 753 – 780.

[27] Dmitriev V I, Nesmeyanova N I. Integral Equation Method in Three – Dimensional Problems of Low – Frequency Electrodynamics[J]. Computational Mathematics and Modeling, 1992, 3(3): 313 – 317.

[28] Donohue S, Long M, O? Connor P, et al. Multimethod geophysical mapping of quick clay[J]. Near Surface Geophysics, 2012, 10(3), 207 – 219.

[29] Endo M, Čuma M, Zhdanov M S. A multigrid integral equation method for large – scale models with inhomogeneous backgrounds[J]. Journal of geophysics and engineering, 2008, 5(4): 438 – 447.

[30] Farquharson C G, Oldenburg D W. Approximate sensitivities for the electromagnetic inverse problem[J]. Geophysical Journal International, 1996, 126(1): 235 – 252.

[31] Fletcher R, Reeves C M. Function minimization by conjugate gradients[J]. The Computer Journal, 1964, 7(2): 149 – 154.

[32] Franke A, Börner R U, Spitzer K. Adaptive unstructured grid finite element simulation of two dimensional magnetotelluric fields for arbitrary surface and seafloor topography[J]. Geophysical Journal International, 2007, 171(1): 71 – 86.

[33] Gomes M D G, Souto R P, Athayde A S D, et al. Estimating dielectric permittivity and electric conductivity from simulated multichannel GPR pulses using aco and quasi – newton inversion techniques[J]. Brazilian Journal of Geophysics, 2014, 32(4): 595 – 614.

[34] Gribenko A V, Zhdanov M S. Rigorous 3D inversion of marine CSEM data[J]. Geophysics, 2007, 72(2): 73 – 84.

[35] Günther T, Rucker C, Spitzer K. Three – dimensional modeling and inversion of dc resistivity data incorporating topography – II. Inv[J]. Geophysical Journal International, 2006, 166(2): 506 – 517.

[36] Haber E. Quasi – Newton methods for large scale electromagnetic inverse problem[J]. Inverse Problem, 2005, 21(1): 305 – 317.

[37] Haber E, Ascher U M. Fast finite volume simulation of 3D electromagnetic problems with highly discontinuous coefficients[J]. SIAM Journal on Scientific Computing, 2001, 22(6): 1943 – 1961.

[38] Haber E, Ascher U, Aruliah D, et al. Fast simulation of 3D electromagnetic problems using potentials[J]. Journal of Computational Physics, 2000, 163(1): 150 – 171.

[39] Haber E, Ascher U, Oldenburg D. Inversion of 3D electromagnetic data in frequency and time

domain using an inexact all – at – once approach[J]. Geophysics, 2004, 69(5): 1216 – 1228.

[40] Haber E, Oldenburg D W, Shekhtman R. Inversion of time domain three – dimensional electromagnetic data[J]. Geophysical Journal International, 2007, 171(2): 550 – 564.

[41] Hohmann G W. Numerical Modelling of Electromagnetic Methods of Geophysics, in M. N. Nabighian (ed.), Electromagnetic methods in applied geophysics [J]. Investigations in geophysics, 1988, 3(1): 314 – 364.

[42] Huang H P, Fraser D C. Dielectric permittivity and resistivity mapping using high – frequency, helicopter – borne EM data[J]. Geophysics, 2002, 67(3): 727 – 738.

[43] Hursán G, Zhdanov M S. Contraction integral equation method in three – dimensional electromagnetic modeling[J]. Radio Science, 2002, 37(6): 1 – 13.

[44] Ismail N, Schwarz G, Pedersen LB. Investigation of groundwater resources using controlled – source radiomagnetotellurics (CSRMT) in glacial deposits in Heby, Sweden[J]. Journal of Applied Geophysics, 2011, 73(1): 74 – 83.

[45] Jones F W, Pascoe L J. The Perturbation of Alternating Geomagnetic Fields by Three – Dimensional Conductivity Inhomogeneities[J]. Geophysical Journal of the Royal Astronomical Society, 1972, 27(5): 479 – 484.

[46] Kalscheuer T, Bastani M, Shane D S. Delineation of a quick clay zone at Sm? rgrav, Norway, with electromagnetic methods under geotechnical constraints[J]. Journal of Applied Geophysics, 2013, 92: 121 – 136.

[47] Kalscheuer T, Juanatey M A G, Meqbel N, et al. Non – linear model error and resolution properties from two – dimensional single and joint inversions of direct current resistivity and radio magnetotelluric data[J]. Geophysical Journal International,2010, 182(3): 1174 – 1181.

[48] Kalscheuer T, Pedersen L B, Siripunvaraporn W. Radiomagnetotelluric two – dimensional forward and inverse modelling accounting for displacement currents [J]. Geophysical Journal International, 2008, 175(2): 486 – 514.

[49] Kaufman AA, Eaton P A. The Theory of Inductive Prospecting, Methods in Geochemistry and Geophysics[M]. New York: Elsevier, 2001.

[50] Kelbert A, Egbert G D, Schultz A. Non – linear conjugate gradient inversion for global EM induction: resolution studies[J]. Geophysical Journal International, 2008, 173(2): 365 – 381.

[51] Key K, Weiss C. Adaptive finite – element modeling using unstructured grids: the 2D magnetotelluricexample[J]. Geophysics, 2006, 71(6): G291 – G299.

[52] Key KW. Marine EM inversion using unstructured grids and a parallel adaptive finite element

method[C]. American Geophysical Union, Fall Meetin. San Francisco, CA, USA, 2011.

[53] Lavoué F, Brossier R, Garambois S, et al. Permittivity and Conductivity Reconstruction by Full Waveform Inversion of GPR Data using the LBFGS - B Algorithm[C]. 18th European Meeting of Environmental and Engineering Geophysics. Paris, France, 2012.

[54] Lavoué F, Brossier R, Métivier L, et al. Two - dimensional permittivity and conductivity imaging by full waveform inversion of multioffset GPR data: a frequency - domain quasi - Newton approach[J]. Geophysical Journal International, 2014, 197(1): 248 – 268.

[55] Li Y, Spitzer K. 3D direct current resistivity forward modeling using finite - element in comparison with finite - difference solutions[J]. Geophysical Journal International, 2002, 151 (3): 924 – 934.

[56] Li M, Abubakar A, Habashy T M. Regularized Gauss - Newton method using compressed Jacobian matrix for controlled source electromagnetic data inversion[C]. SEG Houston 2009 International Exposition and Annual Meeting. Houston, 2009.

[57] Lin C, Tan H, Tong T. Three - dimensional conjugate gradient inversion of Magnetotelluric sounding data[J]. Applied Geophysics, 2008, 5(4): 314 – 321.

[58] Linde N, Pedersen L B. Case history characterization of a fractured granite using radiomagnetotelluric (RMT) data[J]. Geophysics, 2004, 69(5): 1155 – 1165.

[59] Livelybrooks D. Program 3D fem: a multidimensional electromagnetic finite element model[J]. Geophysical Journal International, 1993, 114(3): 443 – 458.

[60] Lu JJ, Wu X P, Spitzer K. Algebraic multigrid method for 3D DC resistivity modelling[J]. Chinese Journal of Geophysics, 2010, 53(3): 700 – 707.

[61] Mackie R L, Madden T R. Three - dimensional magnetotelluric inversion using conjugate gradients[J]. Geophysical Journal International, 1993, 115(1): 215 – 229.

[62] Meles G A, Van D K J, Greenhalgh S A, et al. A New Vector Waveform Inversion Algorithm for Simultaneous Updating of Conductivity and Permittivity Parameters From Combination Crosshole/ Borehole - to - Surface GPR Data[J]. Geoscience Remote Sensing IEEE Transactions, 2010, 48 (9): 3391 – 3407.

[63] Mitsuhata Y, Uchida T. 3D magnetotelluric modeling using the T - finite - element method[J]. Geophysics, 2004, 69(1): 108 – 119.

[64] Nabighian M N, GrauchV J S, HansenR O, et al. The historical development of the magnetic method in exploration[J]. Geophysics, 2005, 70(6): 33 – 61.

[65] Newman G A, Alumbaugh D L. Frequency - domain modeling of airborne electromagnetic

responses using staggered finite differences[J]. Geophysical Prospecting, 1995, 43(8): 1021 – 1042.

[66]Newman G A, Alumbaugh D L. Three – dimensional magnetotelluric inversion using non – linear conjugate gradients[J]. Geophysical Journal International, 2000, 140(2): 410 – 424.

[67]Newman G A, Boggs P T. Solution accelerators for large – scale three – dimensional electromagnetic inverse problems[J]. Inverse Problems, 2004, 20(6): S151 – S170.

[68]Newman G A, Hohmann G W. Transient Electromagnetic Response of High – Contrast Prisms in a Layered Earth[J]. Geophysics, 1988, 53(5): 691 – 706.

[69]Newman G A, Recher S, Tezkan B, et al. Neubauer case history3D inversion of a scalar radio magnetotelluric field data set[J]. Geophysics, 2003, 68(3): 791 – 802.

[70]Nocedal J, Wright S. Numerical Optimization[M]. Berlin: Springer, 1999.

[71]Operto S, Gholami Y, Prieux V, et al. A guided tour of multiparameter full waveform inversion for multicomponent data: from theory to practice [J]. Leading Edge, 2013, 32 (9): 1040 – 1054.

[72]Pain C, Herwanger J, Worthington M, et al. Effective multidimensional resistivity inversion using finite – element techniques [J]. Geophysical Journal International, 2002, 151 (3): 710 – 728.

[73]Pedersen L, Bastani M, Dynesius L. Groundwater exploration using combined controlled – source and radio magnetotelluric techniques[J]. Geophysics, 2005, 70(10): 8 – 15.

[74]Pedersen L, Bastani M, Dynesius L. Some characteristics of the electromagnetic field from radio transmitters in Europe[J]. Geophysics, 2006, 71(6): 279 – 284.

[75]Persson L. Plane Wave Electromagnetic Measurements for Imaging Fracture Zones [D]. Uppsala: ActaUniversitatisUpsaliensis, 2001.

[76]Persson L, Pedersen B. The importance of displacement currents in RMT measurements in high resistivity environments[J]. Journal of Applied Geophysics, 2002, 51(1): 11 – 20.

[77]Pridmore D F, Hohmann G W, Ward S H, et al. An investigation of finite – element modeling forelectrical and electromagnetic data in three dimensions [J]. Geophysics, 1981, 46 (7): 1009 – 1024.

[78]Reddy I K, Rankin D, Phillips R J. Three – dimensional modelling in magnetotelluric and magnetic variationalsounding[J]. Geophysical Journal International, 1977, 51: 313 – 325.

[79]Ren Z Y, Tang J T. 3D direct current resistivity modeling with unstructured mesh by adaptive finite – element method[J]. Geophysics, 2010, 75(1): 7 – 17.

[80] Rodi W, Mackie R L. Nonlinear conjugate gradients algorithm for 2 – D magnetotelluricinversion [J]. Geophysics, 2001, 66(1): 174 – 187.

[81] Rücker C. Advanced Electrical Resistivity Modelling and Inversion using Unstructured Discretization[D]. Leipzig: University of Leipzig, 2011.

[82] Rücker C, Günther T, Spitzer K. Three – dimensional modelling and inversion of DC resistivity data incorporating topography – I. Modelling [J]. Geophysical Journal International, 2006, 166(2): 495 – 505.

[83] Sasaki Y. Full 3D inversion of electromagnetic data on PC[J]. Journal of Applied Geophysics, 2001, 46(1): 45 – 54.

[84] Sasaki Y. Three – dimensional inversion of static – shifted Magnetotelluricdata[J]. Earth Planets Space, 2004, 56(2): 239 – 248.

[85] Schenk O, Gärtner K. Solving unsymmetric sparse systems of linear equations with PARDISO [J]. Future Gener Comp Sys, 2004, 20(3): 475 – 487.

[86] Seong K L, Hee J K, Yoonho S. MT2DInvMatlab – A program in MATLAB and FORTRAN for two – dimensional magnetotelluricinversion [J]. Computers & Geosciences, 2009, 35(8): 1722 – 1734.

[87] Shewchuk J. Triangle: Engineering a 2D quality mesh generator and Delaunay triangulator[J]. Lecture Notes in Computer Science, 1996, 1148: 203 – 222.

[88] Sinha A K. Influence of altitude and displacement currents on planewave EM fields [J]. Geophysics, 1977, 42(1): 77 – 91.

[89] Siripunvaraporn W. Three – Dimensional Magnetotelluric Inversion: An Introductory Guide for Developers and Users[J]. Surveys in Geophysics, 2012, 33(1): 5 – 27.

[90] Siripunvaraporn W, Egbert G. An efficient data – subspace inversion method for 2D magnetotelluricdata[J]. Geophysics, 2000, 65(3): 791 – 803.

[91] Siripunvaraporn W, Egbert G. Data space conjugate gradient inversion for 2 – D Magnetotelluricdata[J]. Geophysical Journal International, 2007, 170(3): 986 – 994.

[92] Siripunvaraporn W, Egbert G, Lenbury Y, et al. Three – dimensional Magnetotelluricinversion: data – space method[J]. Physics of the Earth and Planetary Interiors, 2005, 150(1): 3 – 14.

[93] Siripunvaraporn W, Sarakorn W. An efficient data space conjugate gradient Occam's method for three – dimensional Magnetotelluricinversion[J]. Geophysical Journal International, 2011, 186 (2): 567 – 579.

[94] Smith J T, Booker J R. Rapid Inversion of Two – and Three – Dimensional MagnetotelluricData

[J]. Journal of Geophysical Research, 1991, 96(3): 3905 – 3922.

[95] Spitzer K. A 3D finite difference algorithm for DC resistivity modeling using conjugate gradient methods[J]. Geophysical Journal International, 1995, 123(3): 903 – 914.

[96] Tang J T, Wang F Y, Ren Z Y. 2.5D DC resistivity modeling by adaptive finite element method with unstructured triangulation[J]. Chinese Journal of Geophysics, 2010, 53(3): 708 – 716.

[97] Tang J T, Zhou C, Wang X Y, et al. Deep electrical structure and geological significance of Tongling ore district[J]. Tectonophysics, 2013, 606: 78 – 96.

[98] Tezkan B, Georgescu P, Fauzi U. A radiomagnetotelluric survey on an oil – contaminated area near the Brazi Refinery, Romania[J]. Geophysical Prospecting, 2005, 53(3): 311 – 323.

[99] Tezkan B, Goldman M, Greinwald S, H? rdt A, et al. Joint application of radiomagnetotelluric sand transient electromagnetics to the investigation of a waste deposit in Cologne (Germany) [J]. Journal of Applied Geophysics, 1996, 34(3): 199 – 212.

[100] Tezkan B, H? rdt A, Gobashy M. Two – dimensional radiomagnetotelluric investigation of industrialand domestic waste sites in Germany[J]. Journal of Applied Geophysics, 2000, 44: 237 – 256.

[101] Tezkan B, Saraev A. A new broadband radiomagnetotelluric instrument: applications to near surface investigations[J]. Near surface geophysics, 2008, 6(29): 245 – 252.

[102] Ting S C, Hohmann G W. Integral Equation Modeling of Three – Dimensional MagnetotelluricResponse[J]. Geophysics, 1981, 46(2): 182 – 197.

[103] Turberg P, Müller I, Flury F. Hydrogeological investigation of porous environments by radio magnetotelluric – resistivity (RMT – R 12 – 240 kHz)[J]. Journal of Applied Geophysics, 1994, 31(1): 133 – 143.

[104] Unsworth M, Bedrosian P, Eisel M, et al. Along strike variations in the electrical structure of the San Andreas Fault at Parkfield, California[J]. Geophysical Research Letters, 2000, 27 (18): 3021 – 3024.

[105] Wait J R, Nabulsi K A. Wave tilt of radio waves propagating overa layered ground[J]. Geophysics, 1996, 61(6): 1647 – 1652.

[106] Wang T, Hohmann G W. A finite – difference, time – domain solution for three dimensional electromagnetic modelling[J]. Geophysics, 1993, 58(6): 797 – 809.

[107] Wang T, Tripp A C. FDTD Simulation of EM Wave Propagation in 3 – D Media[J]. Geophysics, 1996, 61(1): 110 – 120.

[108] Wannamaker P E. Advances in Three – Dimensional Magnetotelluric Modeling Using Integral

Equations[J]. Geophysics, 1991, 56(11): 1716 – 1728.

[109] Wannamaker P E, Hohmann G W, San F W A. Electromagnetic Modeling of Three – Dimensional Bodies in Layered Earth Using Integral Equations[J]. Geophysics, 1984, 49(1): 60 – 74.

[110] Wannamaker P E, Stodt J, Rijo L. Two – dimensional topographic responses in magnetotellurics modeled using finite elements[J]. Geophysics, 1986, 51: 2131 – 2144.

[111] Weidelt P. 3D conductivity models: implications of electrical anisotropy[M] // Oristaglio M, Spies B. Three – dimensional electromagnetics. Tulsa: Society of Exploration Geophysicists, 1999: 119 – 137.

[112] Weiss C J, Constable, S. Mapping thin resistors and hydrocarbons with marine EM methods, part II modeling and analysis in 3D[J]. Geophysics, 2006, 71(6): G321 – G332.

[113] Weiss C J, Newman, G. A. Electromagnetic induction in a generalized 3D anisotropic earth [J]. Geophysics, 2002, 67(3): 1104 – 1114.

[114] Weiss C J, Newman, G. A. Electromagnetic induction in a generalized 3 anisotropic earth part 2 the LIN preconditioner[J]. Geophysics, 2003, 68(3): 922 – 930.

[115] Xiong Z. EM Modeling Three – Dimensional Structures by the Method of System Iteration Using Integral Equations[J]. Geophysics, 1992, 57(12): 1556 – 1561.

[116] Xiong Z, Tripp A C. Electromagnetic Scattering of Large Structures in Layered Earth Using Integral Equations[J]. Radio Science, 1995, 30(4): 921 – 929.

[117] Yee K S. Numerical Solution of Initial Boundary Value Problems Involving Maxwell's Equations in Isotropic Media[J]. IEEE Trans. Antennas and Propagation, 1966, 14(3): 302 – 307.

[118] Yin C, Hodges, G. Influence of displacement currents on the response of helicopter electromagnetic systems[J]. Geophysics, 2005, 70(4): G95 – G100.

[119] Zacher G, Tezkan B, Neubauer F M, et al. Radiomagnetotellurics: a powerful tool for waste site exploration[J]. European Journal of Environmentaland Engineering Geophysics, 1996a, 1: 135 – 159.

[120] Zacher G, Tezkan B, Neubauer F M, et al. Application of radiomagnetotelluricstoarcheology – reconstruction of a monastery in Volkenroda, Thuringia[C]. Environmental and Engineering Geophysical Society, 1996b.

[121] Zhang LL, Yu P, Wang, J L, et al. A study on 2D magnetotelluric sharp boundary inversion [J]. Chinese Journal of Geophysics. 2010, 53(3): 631 – 637.

[122] Zhdanov M S. Geophysical Inverse Theory and Regularization Problems[M]. New York:

Elsevier Science, 2002.

[123] Zhdanov M S, Dmitriev V I, Gribenko A V. Integral Electric Current Method in 3 – D Electromagnetic Modeling for Large Conductivity Contrast[J]. IEEE transactions on geoscience and remote sensing, 2007, 45(5): 1282 –1290.

[124] Zhdanov M S, Lee S K, Yoshioka K. Integral equation method for 3D modeling of electromagnetic fields in complex structures with inhomogeneous background conductivity[J]. Geophysics, 2006, 71(1): G333 – G3345.

[125] Zhdanov M S, Varentsov I M, Weaver J T, et al. Method for modeling electromagnetic fields Result from COMMEMI—the international project on the comparison of modeling methods for electromagnetic induction[J]. Journal of Applied Geophysics, 1997, 37: 133 –271.

[126] Zunoubi M R, Jin J M, Donepudi KC, et al. A spectral lanczos decomposition method for solving 3 – D low – frequency electromagnetic diffusion by the Finite – Element – method[J]. IEEE Trans. Antennas and Propagation, 1999, 47(2): 242 –248.

[127] Zyserman F I, Santos J E. Parallel finite element algorithm with domain decomposition for three dimensional magnetotelluricmodeling[J]. Journal of Applied Geophysics, 2000, 44(4): 337 –351.

[128] 鲍光淑, 张碧星, 敬荣中, 等. 三维电磁响应积分方程法数值模拟[J]. 中南工业大学学报, 1999, 30(5): 472 –474.

[129] 蔡军涛, 陈小斌, 赵国泽. 大地电磁数据精细处理和二维反演解释技术研究(一)——阻抗张量分解与构造维性分析[J]. 地球物理学报, 2010a, 53(10): 2516 –2526.

[130] 蔡军涛, 陈小斌. 大地电磁数据精细处理和二维反演解释技术研究(二) – 反演数据极化模式选择[J]. 地球物理学报, 2010b, 53(11): 2703 –2714.

[131] 曹建章, 唐天同, 宋健平. 三维电磁模拟的积分方程方法[J]. 西安石油学院学报, 1998, 13(3): 65 –68.

[132] 陈丹丹. 瞬变电磁法三维正演研究[D]. 北京: 中国地质大学, 2008.

[133] 陈桂波, 汪宏年, 姚敬金, 等. 用积分方程法模拟各向异性地层中三维电性异常体的电磁响应[J]. 地球物理学报, 2009, 52(8): 2174 –2181.

[134] 陈久平, 陈乐寿, 王光锷. 层状介质中三维大地电磁模拟[J]. 地球物理学报, 1990, 33(4): 480 –488.

[135] 陈锐. CSAMT三维交错采样有限差分数值仿真并行算法研究[D]. 北京: 中国地质大学, 2012.

[136] 陈小斌, 蔡军涛, 王立凤, 等. 大地电磁数据精细处理和二维反演解释技术研究

(四)——阻抗张量分解的多测点多频点统计成像分析[J]. 地球物理学报, 2014, 57(6): 1946 – 1957.

[137]陈小斌, 赵国泽, 汤吉, 等. 大地电磁自适应正则化反演算法[J]. 地球物理学报, 2005, 48(4): 937 – 946.

[138]陈小斌, 赵国泽. 基本结构有限元算法及大地电磁测深一维连续介质正演[J]. 地球物理学报, 2004, 47(3): 535 – 541.

[139]陈晓晖, 刘得军, 马中华. 基于高精度自适应 hp – FEM 的随钻电阻率测井电场数值模拟[J]. 计算物理, 2011, 28(1): 50 – 56.

[140]邓居智. 可控源音频大地电磁法三维交错采样有限差分数值仿真研究[D]. 北京: 中国地质大学, 2011.

[141]邓正栋, 关洪军, 聂永平, 等. 稳定地电场三维有限差分正演模拟[J]. 石油物探, 2001, 40(1): 107 – 114.

[142]底青云, MartynUnsworth, 王妙月. 复杂介质有限元 2.5 维可控源音频大地电磁法数值模拟[J]. 地球物理学报, 2004, 47(4): 723 – 730.

[143]董浩, 魏文博, 叶高峰, 等. 基于有限差分正演的带地形三维大地电磁反演方法[J]. 地球物理学报, 2014, 57(3): 939 – 952.

[144]董树文, 李廷栋, 陈宣华等. 我国深部探测技术与实验研究进展综述[J]. 地球物理学报, 2012, 55(12): 3884 – 3901.

[145]冯德山, 戴前伟, 何继善, 等. 探地雷达 GPR 正演模拟的时域有限差分实现[J]. 地球物理学进展, 2006, 21(2): 630 – 636.

[146]付长民, 底青云, 王妙月. 海洋可控源电磁法三维数值模拟[J]. 石油地球物理勘探, 2009, 44(3): 358 – 363.

[147]关珊珊. 基于 GPU 的三维有限差分直升机瞬变电磁响应并行计算[D]. 吉林: 吉林大学, 2012.

[148]胡俊华. 瞬变电磁积分方程法正演模拟研究[D]. 武汉: 中国地质大学, 2014.

[149]胡善政. 可控源音频大地电磁法三维数值模拟研究[D]. 北京: 中国地质大学, 2006.

[150]胡祥云, 李焱, 杨文采, 等. 大地电磁三维数据空间反演并行算法研究[J]. 地球物理学报, 2012, 55(12): 3969 – 3978.

[151]胡祖志, 胡祥云, 何展翔. 大地电磁非线性共轭梯度拟三维反演[J]. 地球物理学报, 2006, 49(4): 1226 – 1234.

[152]李辉, 刘得军, 刘彦昌, 等. 自适应 hp – FEM 在随钻电阻率测井仪器响应数值模拟中的应用[J]. 地球物理学报, 2012, 55(8): 2787 – 2797.

[153]李静,曾昭发,吴丰收,等. 探地雷达三维高阶时域有限差分法模拟研究[J]. 地球物理学报,2010,53(4):974 – 981.

[154]李勇,吴小平,林品荣. 基于二次场电导率分块连续变化的三维可控源电磁有限元数值模拟[J]. 地球物理学报,2015,58(3):1072 – 1087.

[155]李长伟,阮百尧,吕玉增,等. 点源场井 – 地电位测量三维有限元模拟[J]. 地球物理学报,2010,53(3):729 – 726.

[156]刘树才,刘志新,姜志海,等. 矿井直流电法三维正演计算的若干问题[J]. 物探与化探,2004,28(2):170 – 176.

[157]刘云,王绪本. 大地电磁二维自适应地形有限元正演模拟[J]. 地震地质,2010,32(3):382 – 391.

[158]刘长生,汤井田,任政勇,等. 基于非结构化网格的三维大地电磁自适应向量有限元模拟[J]. 中南大学学报(自然科学版),2010,41(5):1855 – 1859.

[159]刘长生. 基于非结构化网格的三维大地电磁自适应向量有限元数值模拟[D]. 长沙:中南大学,2009.

[160]柳建新,孙丽影,童孝忠,等. 基于自适应有限元的起伏地形 MT 二维正演模拟[J]. 地球物理学进展,2012,27(5):2016 – 2023.

[161]鲁来玉. 电阻率随位置线性变化时的三维大地电磁模拟[J]. 地球物理学报,2003,46(4):568 – 575.

[162]罗延钟,万乐. 二维地形不平条件下外电场的有限差分模拟[J]. 物化探计算技术,1984,6(4):110 – 123.

[163]毛先进,鲍光叔,宋守根. 半空间中多个三维电阻率响应的边界积分方程模拟[J]. 地球物理学报,1996,39(6):823 – 834.

[164]朴化荣,薛爱民,金东,等. 积分方程法求解三度极化体的激发极化效应[J]. 物化探计算技术,1985,7(4):310 – 325.

[165]任政勇,汤井田. 基于局部加密非结构化网格的三维电阻率法有限元数值模拟[J]. 地球物理学报,2009,52(10):2627 – 2634.

[166]任政勇. 基于非结构化网格的直流电阻率自适应有限元数值模拟[D]. 长沙:中南大学,2007.

[167]阮百尧,熊彬. 电导率连续变化的三维电阻率测深有限元模拟[J]. 地球物理学报,2002,45(1):131 – 138.

[168]邵长金,李相方. 离散复镜像法求取层状介质的格林函数[J]. 中国石油大学学报(自然科学版),2006,30(1):150 – 153.

[169] 沈劲松, 孙文博. 二维海底地层可控源海洋电磁响应的数值模拟 [J]. 石油物探, 2009, 48(2): 187 - 194.

[170] 沈劲松. 用交错网格有限差分法计算三维频率域电磁响应 [J]. 地球物理学报, 2003, 46(2): 281 - 289.

[171] 宋维基, 仝兆岐. 3D 瞬变电磁场的有限差分正演计算 [J]. 石油地球物理勘探, 2000, 35(6): 751 - 756.

[172] 孙子英, 胡玉平, 鲍光淑. 非均匀半空间三维边界积分方程数值模拟 [J]. 物探与化探, 2000, 24(6): 431 - 437.

[173] 谭捍东, 余钦范, John Booker, 等. 大地电磁三维交错网格有限差分正演 [J]. 地球物理学报, 2003, 46(5): 705 - 711.

[174] 汤井田, 公劲喆. 三维直流电阻率有限元 - 无限元耦合数值模拟 [J]. 地球物理学报, 2010, 53(3): 717 - 728.

[175] 汤井田, 任政勇, 化希瑞. Coulomb 规范下地电磁场的自适应有限元模拟的理论分析 [J]. 地球物理学报, 2007, 50(5): 1584 - 1594.

[176] 王飞燕. 基于非结构化网格的直流电阻率法自适应有限元数值模拟 [D]. 长沙: 中南大学, 2009.

[177] 王建, 彭仲秋, 谢处方. 地下目标瞬时散射的时域有限差分法数值模拟 [J]. 地球物理学报, 1996, 39(1): 349 - 357.

[178] 王劲松. 大地电磁测深积分方程法三维正演问题的研究 [D]. 北京: 中国地质大学, 2006.

[179] 王若, 底青云, 王妙月, 等. 用积分方程法研究源与勘探区之间的三维体对 CSAMT 观测曲线的影响 [J]. 地球物理学报, 2009, 52(6): 1573 - 1582.

[180] 王兆磊, 周辉, 李国发. 用地质雷达数据数据反演二维地下介质的方法 [J]. 地球物理学报, 2007, 50(3): 897 - 904.

[181] 魏宝君, Qinghu Liu. 层状单轴各向异性介质并矢 Green 函数的递推算法及精确计算 [J]. 中国科学 (D 辑: 信息科学), 2007a, 37(6): 836 - 850.

[182] 魏宝君, Qinghu Liu. 水平层状介质中基于 DTA 的三维电磁波逆散射快速模拟算法 [J]. 地球物理学报, 2007b, 50(5): 1959 - 1605.

[183] 魏永强. 三维电阻率正演计算中的多重网格法研究 [D]. 江西: 东华理工大学, 2010.

[184] 吴丰收, 曾昭发, 黄玲, 等. 探地雷达信号的高阶时间域有限差分模拟 [J]. 物探化探计算技术, 2009, 31(4): 308 - 313.

[185] 吴小平, 王彤彤. 利用共轭梯度算法的电阻率三维有限元正演 [J]. 地球物理学报,

2003, 46(3): 428 – 432.

[186]吴小平, 徐果明, 李时灿. 利用不完全 Cholesky 共轭梯度法求解点源三维电场[J]. 地球物理学报, 1998, 41(6): 848 – 854.

[187]肖怀宇. 带地形的瞬变电磁法三维数值模拟[D]. 北京: 中国地质大学, 2006.

[188]辛会翠. 瞬变电磁法 2.5 维有限差分正演模拟研究[D]. 长沙: 中南大学, 2013.

[189]熊彬, 阮百尧. 电位双二次变化二维地电断面电阻率测深有限元数值模拟[J]. 地球物理学报, 2002, 45(2): 285 – 295.

[190]徐凯军, 李桐林. 时域瞬变电磁场有限差分法[J]. 世界地质, 2004, 23(3): 301 – 305.

[191]徐志锋, 吴小平. 可控源电磁三维频率域有限元模拟[J]. 地球物理学报, 2010, 53(8): 1931 – 1939.

[192]许洋铖, 林君, 李肃义, 等. 全波形时间域航空响应三维有限差分数值计算[J]. 地球物理学报. 2012, 55(6): 2015 – 2114.

[193]薛桂霞, 王鹏. 探地雷达时域有限差分法正演模拟[J]. 物探与化探, 2006, 30(3): 234 – 239.

[194]严波. 2.5 维直流电阻率自适应有限元模拟[D]. 青岛: 中国海洋大学, 2013.

[195]阎述, 陈明生, 傅君眉. 瞬变电磁场的直接时域数值分析[J]. 地球物理学报, 2002, 45(2): 275 – 284.

[196]杨金凤. 基于有限差分的直流电阻率法三维正演研究[D]. 南昌: 东华理工大学, 2012.

[197]叶涛, 陈小斌, 严良俊. 大地电磁数据精细处理和二维反演解释技术研究(三) – 构建二维反演初始模型的印模法[J]. 地球物理学报, 2013, 56(10): 3596 – 3606.

[198]殷长春, 刘斌. 瞬变电磁法三维问题正演及激电效应特征研究[J]. 地球物理学报, 1994, 37: 486 – 492.

[199]殷长春, 张博, 刘云鹤, 等. 2.5 维起伏地表条件下时间域航空电磁正演模拟[J]. 地球物理学报, 2015, 58(4): 1411 – 1424.

[200]岳建华, 杨海燕, 胡博. 矿井瞬变电磁阀三维时域有限差分数值仿真[J]. 地球物理学进展, 2007, 22(6): 1904 – 1909.

[201]岳建华, 杨海燕. 巷道边界条件下矿井瞬变电磁响应研究[J]. 中国矿业大学学报, 2008, 37(2): 152 – 156.

[202]詹艳, 赵国泽, 王立凤等. 西秦岭与南北地震构造带交汇区深部电性结构特征[J]. 地球物理学报, 2014, 57(8): 2594 – 2607.

[203]张东良, 孙建国, 孙章庆. 2 维和 2.5 维起伏地表直流电法有限差分数值仿真[J]. 地球物理学报, 2011, 54(1): 234 – 244.

[204] 张继锋，汤井田，喻言，等. 基于电场向量波动方程的三维可控源电磁法有限单元法数值模拟[J]. 地球物理学报，2009，52(12)：3132－3141.

[205] 张双狮. 海洋可控源电磁法三维时域有限差分数值仿真[D]. 成都：成都理工大学，2013.

[206] 赵云威. 矩形回线源瞬变电磁法三维有限差分正演模拟[D]. 长沙：中南大学，2012.

[207] 周仕新，岳建华. 矿井中瞬变电磁场三维时域有限差分模拟[J]. 勘探地球物理进展，2005，28(6)：408－412.

[208] 周熙襄，钟本善，江东玉. 点源二维电阻率法有限差分正演计算[J]. 物化探电子计算技术，1983，5(3)：1191－1198.

[209] 张乐天，金胜，魏文博等. 青藏高原东缘及四川盆地的壳幔导电性结构研究[J]. 地球物理学报，2012，55(12)：4126－4137.

图书在版编目（CIP）数据

射频大地电磁法高精度正演与双参数联合反演／原源等著. —长沙：中南大学出版社，2019.5

ISBN 978 – 7 – 5487 – 3579 – 3

Ⅰ.①射… Ⅱ.①原… Ⅲ.①大地电磁法—研究 Ⅳ.①P631.3

中国版本图书馆 CIP 数据核字（2019）第 042266 号

射频大地电磁法高精度正演与双参数联合反演
SHEPIN DADI DIANCIFA GAOJINGDU ZHENGYAN
YU SHUANGCANSHU LIANHE FANYAN

原源　汤井田　任政勇　周聪　张义波　著

□责任编辑	刘小沛
□责任印制	易红卫
□出版发行	中南大学出版社
	社址：长沙市麓山南路　　　　邮编：410083
	发行科电话：0731 – 88876770　　传真：0731 – 88710482
□印　　装	长沙鸿和印务有限公司

□开　　本	710×1000　1/16　□印张 8.5　□字数 168 千字	
□版　　次	2019 年 5 月第 1 版　□2019 年 5 月第 1 次印刷	
□书　　号	ISBN 978 – 7 – 5487 – 3579 – 3	
□定　　价	70.00 元